U0455193

MUCAO GAOXIAO ZAIPEI
JI BINGCHONGHAI FANGZHI

牧草高效栽培
及病虫害防治

李莎莎 编著

内蒙古人民出版社

图书在版编目（CIP）数据

牧草高效栽培及病虫害防治 / 李莎莎编著 . -- 呼和
浩特 : 内蒙古人民出版社 , 2025.1
（助力乡村振兴 种植致富丛书）
ISBN 978-7-204-17396-9

Ⅰ . ①牧… Ⅱ . ①李… Ⅲ . ①牧草－高产栽培－栽培
技术②牧草－病虫害防治 Ⅳ . ① S54 ② S435.4

中国国家版本馆 CIP 数据核字 (2023) 第 011984 号

助力乡村振兴 种植致富丛书

牧草高效栽培及病虫害防治

作　者	李莎莎
责任编辑	卢 炀
封面设计	刘那日苏
出版发行	内蒙古人民出版社
地　址	呼和浩特市新城区中山东路 8 号波士名人国际 B 座 5 楼
印　刷	内蒙古爱信达教育印务有限责任公司
开　本	889mm×1194mm　1/32
印　张	3.5
字　数	100 千
版　次	2025 年 1 月第 1 版
印　次	2025 年 1 月第 1 次印刷
印　数	1—2000 册
书　号	ISBN 978-7-204-17396-9
定　价	32.00 元

如发现印装质量问题，请与我社联系。联系电话：（0471）3946120

前　言

　　我国是农业大国，党的十八大以来，经过八年齐心协力的脱贫攻坚，让全国几千万农民摆脱了贫困，生活水平全方位提高。实现社会主义农业现代化的出路在于科技与教育，鉴于此，我们精心推出"助力乡村振兴，种植致富丛书"，旨在普及、推广现代种植业的科技知识，为农民致富、为农村经济发展尽我们的绵薄之力。

　　"助力乡村振兴，种植致富丛书"是一套指导农民科学、高效种植的专业图书，共包含《白菜高效栽培及病虫害防治》《油菜高效栽培及病虫害防治》《黑木耳高效栽培及病虫害防治》《牧草高效栽培及病虫害防治》《大豆高效栽培及病虫害防治》《韭蒜葱高效栽培及病虫害防治》六个分册。本套丛书采用图文结合的方式，以通俗易懂的语言，全面、系统地介绍了农作物种植技术及病虫害防治知识，力求使读者一读就懂，一看就会。

　　本丛书编写工作得到了有关农业研究单位、农业院校诸多农学专家的大力支持，这些年轻有为的农学专家都是有着丰富理论和实践经验的专业人员，在编写中注重知识的实用性与准确性，突出技术的科学性与可操作性，并选用行业发展的最前沿信息，以期切实指导农民增产增收，为他们走上致富之路提供助力。

丛书编委会

主　编　赵　源

副主编　乔蓬蕾　元　秀

编　委　赵　源　乔蓬蕾　李莎莎　徐凤敏

　　　　张艳云　崔　斌　邓　颖　程　磊

目　录

第一章 牧草品种与种植

一、有关牧草概述

（一）牧草的定义

牧草是指可供家畜采食或作为家畜饲料的各种栽培、野生的一年生或多年生草类植物。广义的牧草除包括各种栽培和野生的草类外，还包括青饲料和作物秸秆。所以，通俗的讲，牧草就是指用于养殖家畜的草，主要包括栽培牧草、野生牧草和秸秆饲料。

（二）栽培牧草的分类

栽培牧草有多种分类方法，具体如下：

1. 按利用年限分

分为一年生牧草和多年生牧草。一年生牧草播种一次只能利用一个生产年度，一般在当年或越年利用；多年生牧草播种一次，可多年利用，一般可利用3~8年。

2. 按适宜生长的温度分

分为冷季型牧草和暖季型牧草。冷季型牧草适宜生长温度为

图 1-1　一年生牧草

15~24℃，一般秋季播种，冬春季生长；暖季型牧草适宜生长温度为

25~35℃，一般春季播种，夏秋季生长。

3. 按植物类别分

　　分为禾本科牧草、豆科牧草和菊科牧草等。禾本科牧草品种最

多，优点是适应性强、产量高；豆科牧草优点是粗蛋白质含量高，

一般在15%以上，但适应性和产量不及禾本科牧草；菊科牧草草质

较好，有的含有特殊功效的化学成分，具有一定保健功能。另外，

还有一些其他科属牧草，但推广应用的品种不多。

图 1-2　暖季型牧草

（三）栽培牧草的优点

1. 高产优质

栽培牧草的主要优点是产量高（一般年产量在 5000 千克以上，高产的可达到 30000 千克）、供青期长（一年可刈割 3~6 次，利用期 5 个月以上）、草品质好（粗蛋白质含量 10%、高的可达 18%~20%）、适口性好（家畜喜食）。

2. 比较效益高

牧草栽培中，在一般水平和常规模式下，如桂牧 1 号象草或高丹草 + 多花黑麦草模式，牧草种植的土地租赁、机耕、草种子、肥料、收割、运送管理等投入和劳动力成本一般只要 1500~2000 元／亩，每亩就可获得鲜草产量 10 吨以上。所以，当前牧草鲜草生产成本普遍在 200 元／吨以内。而且，通过应用先进技术、采用机械耕作收割和规模化生产，生产成本还可以控制在更低水平内。

图 1-3　桂牧 1 号象草

3. 能解决草食畜养殖的土地瓶颈制约问题

牧草是牛羊等草食畜养殖必需的主要饲料，一般情况下一头成年牛一年需要饲用鲜草 7~10 吨，栽培 1 亩牧草可养殖 1 头牛，高产的可养殖 2~3 头。而利用野生牧草，养 1 头牛需要放牧草地 20 亩以上。

4. 能保障养殖饲草的充足供给

牛羊等草食畜养殖需要每天供给足量草料，野生牧草及作物秸秆来源不稳定，质量难以保证，而栽培牧草高产优质，可以按照需求计划安排种植，满足四季供给需要。所以，只有栽培牧草才能保障养殖饲草的充足供给。

图 1-4　野生牧草

5. 能满足草食畜规模化养殖的需要

随着养殖产业化、规模化的发展，质量稳定可靠的饲草需求数量大，从来源和质量保障上依靠野生牧草及作物秸秆都难以满足，只有栽培牧草才能满足草食畜规模化养殖的需要。

6. 能满足养殖饲草的品质需求

现代化、规模化养殖必须保证高品质和良好适口性的饲草的均衡供给，同时还必须做到来源、质量及价格稳定。栽培牧草高产稳产，收割利用方便，草品质及适口性好，生产成本一般不超过 200 元 / 吨。野生牧草产量低、收割困难，且草品质和适口性不及栽培牧草的好。作物秸秆的收购和运输成本一般也要超过 200 元／吨，所以，通过栽培牧草满足养殖饲草的品质需求是比较好的方式。

图 1-5　规模化牧草

7.能解决草食畜养殖效益低下问题

牛羊等草食畜养殖周期长，饲草料消耗量大，要想降低成本，就需要价格较低、质量较优、供给稳定饲草供应。而传统的自然放养或"秸秆＋精料"的养殖方式，存在饲草质量低劣、供给不稳定、效益低下等问题，只有养殖场自己栽培牧草才能保障价格稳定和高品质饲草的均衡供应，从而有效解决草食畜养殖的效益低下问题。

二、品种选择

（一）优良牧草品种

由于当前牧草商品化程度低，牧草生产主要是满足畜牧养殖的基本需要。因此，优良牧草品种必须满足下列要求：

1. 适应性强

表现为种植方便、管理简单、抗逆性强，在不同土壤及土地肥力条件下能生长良好。

2. 产草量高

种植、利用期长，再生力强、生长旺盛，年可刈割 3~5 次，亩鲜草产量在 5000 千克以上。

3. 草品质优

营养价值高，草质柔嫩，适口性好，畜禽喜食。需要特别注意的是，在生产中选择草品种时不能轻信那些过分的网络宣传，更不要盲目购买蓄意炒作的高价草种。

（二）适宜内蒙古种植的主要牧草品种

内蒙古主要推广种植的春播品种有象草（包括桂牧 1 号象草、王草、甜象草、紫象草、杂交狼尾草等）、高丹草、苏丹草、甜高粱、墨西哥玉米、

图1-6　紫象草

饲用玉米、苦荬菜等；秋播品种有多花黑麦草、燕麦、小黑麦、菊苣、串叶松香草等。

（三）内蒙古种植最多的牧草品种

目前种植较多的牧草品种主要是桂牧1号象草和多花黑麦草。

桂牧1号象草适应性极强，叶片宽大、肥厚，叶色深绿，茎秆质地脆嫩，草产量高，利用期长，品质优良，是牛羊养殖场种植的首选春季草品种。

多花黑麦草适应性广、抗逆性强，适宜各类土壤生长，种植技术简单，再生能力极强，耐牧、耐刈割性好，草产量高，草品质好，适合饲喂各

类畜禽，是内蒙古乃至南方地区种植最早、面积最大的冬春季畜禽养殖不可或缺的优良牧草。

图 1-7　杂交狼尾草

三、牧草种植管理

（一）牧草种植地的选择

牧草对种植地的要求不是很高，除便利耕作的山地、旱地、耕地外，还可充分利用各类空闲的土地资源，如各种空闲隙地、荒地、撂荒地、秋冬闲田以及栏舍周边等闲置土地都可以用于种植牧草。

选择适宜的牧草种植地是牧草高产栽培的基础环节，土壤深厚肥沃

图1-8　多花黑麦草

是牧草高产的基础。也就是说，土地质量好，牧草才能获得高产。但由于受土地资源的制约，企业或农户在选择牧草种植地时，应因地制宜，结合具体实际条件，择优选用。一是牧草种植地最好选择在养殖场周边，连片面积大、土壤肥沃的土地，这样既方便种植管理，又便于粪肥和收割牧草的运送，从而降低生产成本。二是可充分利用各类空闲地、荒地、撂荒地、秋冬闲田以及栏舍周边等土地，从而提高土地利用率，又能绿化环境。但利用零散的空闲隙地，也需要考虑是否方便耕种作业以及投入产出效益。三是牧草主要是旱地作物，以选择旱地为主。选择低洼地、撂荒水田等，要深开排水沟，降低地下水位，做到田间不积水。

图1-9　牧草肥沃土地

（二）牧草的种植方式

牧草的种植方式与农作物相似，主要有单播、混播、间作、套种、轮作等种植方式。

采用正确的种植方式，是实现牧草优质高产目标的基础，在生产中主要根据牧草品种的特征特性、利用方式和不同的土壤、气候条件选择适当的种植方式。一般情况下，高秆品种、刈割利用的以单播为主；矮秆品种、放牧利用的以混播为好；不同特性或不同季节的品种可以采用间作、套种以及轮作等种植方式，有利于达到牧草优质高产的目的。

（三）牧草的播种方法

牧草的播种方法有撒播、条播、点（穴）播、育苗移栽和根蔸、茎节（无性繁殖）栽植。

不同牧草品种应根据其特性选择适宜的播种方法。但同一品种，因种植地土壤条件或利用方式的不同也需要采用不同的播种方法。一般多年生牧草以条播、点播或育苗移栽为主，一年生牧草以条播或撒播为主；种子颗粒小的可条播或撒播，种子颗粒大的要条播或点播；适应性强的牧草品种可撒播，种植地土壤较好的可撒播，放牧利用的可撒播；象草、王草等无性繁殖品种主要利用根蔸或茎节栽植。

图 1–10　牧草的播种方法

（四）牧草的播种期

牧草适时播种是牧草生产和保证草料供应的基础。但牧草种植的播种时间不像作物那样要求严格，通常情况下主要根据土地准备情况和养殖需要来确定牧草播种时间。一般春播品种可在3月底至6月播种，秋播品种可在9~12月播种。在播种期内适时早播有利于牧草高产稳产，但有的为满足均衡利用需要，可按计划采取分期分批次播种，即在种植期内每相隔10~20天播种一期，从而错开牧草刈割及供青时间。

图 1-11　秋播牧草

（五）牧草的播种量

牧草的播种量取决于品种特性及种子大小，确定牧草的播种量既要考虑种子质量，还要考虑土壤条件、利用方式和播种方式等。一般种植地土壤条件较好的播种量小，种植地土壤条件差的播种量要大；条播、点播种子用量少，撒播种子用量大；放牧利用地播种量大。

（六）牧草种植关键技术

牧草种植关键技术主要有以下三点：

1. 施足基肥

牧草生产是收获生物产量。牧草特别喜肥、耐肥，所以，基肥对牧草高产非常重要。足量施肥不仅可提高草产量，还能提高草品质。基肥要以有机肥（牛羊粪、沼液）为主，施用量 3000~6000 千克／亩。施用有机肥既可满足牧草生长的养分需要，又能改良土壤，同时还有利于消纳养殖场的粪污，减少养殖污染。

图 1-12　施用基肥

2. 及时追肥与灌溉

追肥和灌溉是牧草增产的重要措施。牧草种子多细小，出苗后，要及时追施催苗肥，一般以速效氮肥（尿素）为主，施用量 5~10 千克 / 亩，或施用沼液 1000 千克 / 亩；分蘖期及每次刈割后，每亩可施尿素 5 千克左右或沼液 1000 千克，可促进牧草再生。内蒙古自治区每年 7 至 10 月为高温季节，也是牧草生产的高峰期，但往往干旱严重，所以灌溉能显著提高牧草产量。提倡利用沼液灌溉，以达到灌溉、施肥和处理沼液的多重目的。

图 1-13　牧草喷灌

3. 适时收割

牧草通过刈割、再生循环获得高产量，适时收割是牧草高产、优质的基本保证。牧草在按利用需要收割的同时，更应根据品种特性进行收割。

图 1-14　适时收割

（七）牧草的田间管理

牧草栽培田间管理对牧草增产和持续利用十分重要，主要应根据牧草品种特性及结合生长阶段和长势状况进行作业管理。

1. 追肥

视牧草长势追肥，在追施催苗肥、分蘖肥的基础上，对长势弱、生长不良的牧草还要及时追肥。

2. 中耕除杂

牧草苗期、返青期出现杂草危害时，应进行中耕除杂。

3. 灌溉和排水

牧草收获生物产量，需要充足水分供给，干旱期及时灌溉，能显著提高牧草产量。但牧草地不宜长时间积水，多雨季节要注意排水。

4. 防治病虫害

牧草一般不会发生病虫危害，但随着种植面积增加及牧草连作等，病虫危害情况也时有发生，而且发生概率有上升趋势。如发生病虫危害，可采用刈割防治，但对危害严重或者不能刈割的，需选择高效低毒药剂喷药防治。

第二章　牧草的品种选择与播种

一、品种选择的依据

（一）牧草品种选择的目的

选择适宜的牧草种和品种栽培，有以下几个方面的意义：

1.选择恰当的牧草种和品种是高产稳产的重要条件之一。常见的牧草种及品种种类很多，有的适合南方生长，有的适合北方种植；有的适合雨水量较多的地区，有适合气候干燥的地区；有的品质优产量高，有的产量高但品质较差。因此，只有选择适当的牧草种与品种才能保证高产稳产。

2.选择适当的牧草种和品种可降低养殖生产成本。提高牧草种植及养殖业的经济效益选择恰当可降低一定量精饲料的投入，从而降低饲料成本，提高养殖业的经济效益。

3.选择适当的牧草种和品种栽培可保证青饲料的周年供应。

（二）牧草品种选择的依据

在一个特定地区选择适宜的牧草种和品种栽培，必须根据当地的气候、土壤条件、牧草利用方式、牧草的供饲畜种及牧草的生物学特性等多方面来决定。

1. 地区与气候

我国目前已根据牧草种与品种的特性及气候特点将多年生牧草的栽培分为9个区，分别是东北羊草、苜蓿、沙打旺、胡枝子栽培区，内蒙古高原沙打旺、老芒麦、披碱草栽培区，黄淮海苜蓿、沙打旺、无芒雀麦、苇状羊茅栽培区，黄土高原苜蓿、沙打旺、小冠花、无芒雀麦栽培区，长江中下游白三叶、黑麦草、苇状羊茅栽培区，华南宽叶雀稗、狗尾草、大翼豆、银合欢栽培区，西南白三叶、黑麦草、红三叶、苇状羊茅栽培区，青藏高原老芒麦、垂穗披碱草、中华羊茅、苜蓿栽培区，新疆苜蓿、

图2-1　地区与气候

无芒雀麦、老芒麦栽培区。每个分区又可分为若干个亚区。当然，也有一些适应性广的牧草对地区与气候没有特定的要求。

2. 牧草的生物学特性

主要了解所选牧草整个生长发育过程中对温度、水分、土壤、光照等方面的要求，应选择与当地自然条件一致的牧草种和品种。

3. 土壤条件

不同的牧草对土壤都有一定的要求，有的适于沙性土，有的适于壤性土；有的草种有一定的耐盐碱能力，有的则不耐盐碱；有的草种耐贫瘠，有的喜沃土。因此，应选择符合当地土壤条件的牧草品种栽培。

图2-2　土壤条件

4. 牧草利用方式

牧草的利用方式主要有刈割与放牧两种，而不同类型的牧草，有的适于刈割，如黑麦草；有的适于放牧，如白三叶、狗牙根等。因此应根据牧草的利用方式选择适当的牧草类型。

图 2-3　白三叶

5. 饲喂家畜的种类

在选择牧草的品种时要考虑饲喂家畜的类型，根据家畜的营养需要特点选择适当的牧草。如果是饲喂牛、羊等反刍动物，可选择产量高、易于栽培、品质中等的牧草；若要饲喂猪、鹅等，则应选产量高、品质优、粗纤维含量少的牧草。

二、牧草播种前的准备

（一）土壤的准备

牧草的生长发育离不开光、热、空气、水分和养料。其中水分和养料主要是通过土壤获得的。土壤的通气状况和土壤温度的变化也直接影响着牧草的生长。牧草只有生长在松紧度和孔隙度适宜，水分和养料充足，没有杂草和病虫害，物理化学性状良好的土壤上才能充分发挥其高产优质的性能。由于牧草种子细小，苗期生长缓慢，容易受杂草的危害，

图2-4　土壤耕作

只有进行合理的土壤耕作，才能为牧草播种、出苗、生长发育创造良好的土壤条件。所以，土壤耕作是牧草栽培技术中最重要的措施之一。

1. 土壤耕作的作用

（1）改善土壤耕作层的结构　土壤耕作层的结构是指耕作层土壤固相、液相和气相三者之间的比例关系。土壤耕作的目的就是要调节土壤中水、肥、气、热等肥力因素，为牧草种子的萌发和牧草的生长发育创造条件。土壤耕作可使紧实板结的土壤变得松紧适度，并能增加土壤孔隙，从而增加土壤的透水通气性，提高土壤温度，促进微生物活动，提高土壤中有效养分的含量，这就为牧草播种出苗和生长发育创造了良好的条件。

（2）消灭杂草和病虫害　通过耕翻和中耕可以直接消灭杂草，还可以把病菌孢子、害虫的卵蛹及幼虫等埋入土中或翻出地面，促使其死亡。

（3）增加土壤有机质，提高土壤肥力　通过耕翻可将残茬、枯枝落叶、有机肥料和无机肥料翻入土层，可促进其分解，同时也可减少无机肥料的挥发流失，有利于根系的吸收。

（4）蓄水保墒，利于播种　通过耕翻耙压，可使地面平整，土层松紧适度，有利于秋冬蓄水保墒。

2. 大田土壤耕作的主要项目

（1）耕地　又叫犁地。用壁型犁耕翻地，深20~25厘米，使土层翻转、松碎和混合，从而使耕层土壤结构发生根本性变化。总之，耕地应符合

"熟土在上、生土在下"的原则。耕地最好用带有小铧犁的复式犁进行，小铧犁可将板结的残茬较多的表层土翻到犁沟底部，主犁再将下层土翻上来盖在上层。这既有利于恢复耕作层土壤结构，也能较好地消灭杂草和病虫害。耕地一般应尽早不误农时。在可能的情况下，应尽量深耕，同时要注意无漏耕重耕的现象。

图 2-5　耕地

（2）耙地　在刚耕过的土地上，用钉齿耙或圆般耙进行耙地可使地面平整，耙碎土块，耙实土层以及耙出杂草，有利于保持土壤水分，为播种创造良好的地面条件。为了抢墒抢时播种，有时来不及耕地，可以直接耙后播种。多年生牧草地可进行早春耙地，耙出枯枝落叶和残茬，消灭杂草，改善土壤的通气性，有利于牧草的返青和生长。

图 2-6　耙地

（3）耱地　耱地又叫盖地。常在耕地耙地之后进行，主要是平整地面，耱实土壤，耱碎土块，为播种提供良好的条件。若土质疏松、杂草少的土地上，可耕后直接耱地，不必耙地。

（4）镇压　镇压可使表土变紧、压碎大土块，并能使土壤平整。在干旱的地区和季节，镇压可以减少土壤中的大孔隙，从而减少水的蒸发，起到保墒的作用。在风大的季节，不经镇压的表土可能被吹走。因此，镇压还能起保土作用。在土地耕翻后，如要立即播种牧草，必须先进行镇压，以免出现播种过深不出苗，或因种子发芽生根后发生"吊根"现象，使种苗死亡。"吊根"是指种苗根部接触不到土壤，吊在土壤的空隙中，从而吸收不到水分和养分的现象。播后镇压可使种子与土壤充分接触，有利于种子吸取发芽所需的水分。

（二）种子的处理

1. 对牧草种子的要求

（1）种子的纯度　种子的纯度是指除去杂质及其他种子后的纯净种子的百分率。播种用的种子，纯度不应小于95%，否则须在播前进行精选。

（2）种子的发芽率　种子的发芽率是指种子在适宜的环境条件下（温度 20~25℃，空气流通，水分充足，有光照）进行发芽试验，在规定时间内发芽种子所占的百分率。发芽率高的种子生活力强，播种后出苗多整齐。

图 2-7　种子的发芽率

（3）种子用价　种子用价也叫种子利用率，是指真正有利用价值的种子占供试样品的百分率。种子用价=种子纯度×发芽率。种子用价是决定播种量的重要依据。种子用价低就要相应增加播种量。

（4）种子千粒重 不同的牧草种子都有一定的千粒重。同一品种的牧草千粒重大，表明其生活力强。

2.种子处理

（1）选种与去壳、去芒 选种的目的是清除杂质，将不饱满的种子及杂草种子等除去，以获得籽粒饱满、纯净度高的种子。清选方法可用清选机选，也可进行人工筛选扬净，必要时也可用盐水（10千克水加食盐1千克）或硫酸铵溶液选种。有荚壳的种子发芽率低，如草木樨等；有芒或颖片等牧草种子流动性差，不便播种，如披碱草、鸡脚草、鲁梅克斯酸模等。所以应在播种前进行去壳、去芒。去壳可用碾子碾压或碾米机处理；去芒可用去芒机进行，也可将种子铺在晒场上，厚度5~7厘米。用环形镇压器进行压切，然后再筛选。

（2）豆科硬实种子的处理 很多豆科牧草种子，由于种皮具有一层排列紧密长柱状大石细胞，水分不易渗入，种子不能吸水膨胀萌发，这些种子被称为硬实种子。不同豆科牧草种子都有一定的硬实率，如紫花苜蓿为10%、白三叶为14%、红三叶为35%、杂紫花苜蓿为20%、红豆草为10%、草木樨为39%。因此播种前必须进行处理，处理的主要方法如下：

①擦破种皮 是最常用的一种方法，特别适用于小粒种子的处理。可用碾米机进行处理或用石碾碾压；也可将种子掺入一定数量的石英砂

中，用搅拌器搅拌、震荡，使种皮表面粗糙起毛。处理时间的长短以种皮表面粗糙、起毛，不压碎种子为原则。

图2-8 搅拌器搅拌、震荡

②变温浸种 变温浸种处理种子可加速种子萌发前的代谢过程，通过热、冷交替，促进种皮破裂，改变其透性，促进其吸水、膨胀、萌发。变温浸种适于颗粒较大的种子，将种子放入温水中浸泡，水温以不烫手为宜，浸泡24小时后，捞出放在阳光下曝晒，夜间转至凉处，并加水保持种子湿润，经2~3天后，种皮开裂，当大部分种子略有膨胀时，即可播种。

（3）种子消毒 种子消毒是预防病虫害的一种有效措施。牧草的很多病虫害是由种子传播的，如禾本科牧草的毒霉病、各种黑粉病、黑穗病，豆科牧草的轮纹病、褐斑病、炭疽病以及某些细菌性的叶斑病等。因此，播种前进行种子消毒很有必要。

种子消毒的方法：

①盐水淘洗法 用10%浓度的食盐水溶液淘洗可除苜蓿种子上的菌核、禾本科牧草的麦角病等，或用20%浓度的磷酸钙溶液淘洗。

②药物浸种 豆科牧草的叶斑病、禾本科牧草的根腐病、赤霉病、秆黑穗病、散黑穗病等，可用1%的石灰水浸种；苜蓿的轮纹病可用福尔马林50倍液或抗菌素。

③药物拌种 播种前用粉剂药物与种子拌合，拌后随即播种。常用的拌种药物有菲醌、福美双、萎锈灵等。苜蓿及其他豆科牧草的轮纹病可用种子重量的6.5%的菲醌拌种；三叶草的花霉病可用35%的菲醌按种子重量的0.3%拌种；用种子重量的0.3%~0.4%福美双拌种，可防除各种散黑穗病；用50%的可湿性萎锈灵粉按种子的0.7%拌种，可防除苏丹草的坚黑穗病。

图 2-9 药物拌种

（4）浸种　浸种有三方面的作用，一是加速种子在萌发前的代谢过程，促进种子发芽；二是对种子进行消毒，预防某些病虫害；三是浸种时淘洗可对种子进行清选。

变温浸种，对于颗粒较大的种子，常用温水浸泡处理。用50℃的温水浸种3小时，可防治豆科牧草的叶斑病、红豆草的黑腐病。对于禾本科牧草的散黑穗病，可在播前用44~46℃温水浸种3小时，或先在冷水中浸4~6小时，再用50~52℃温水中浸种2~5分钟，然后立即放入冷水中冷却，取出晾干即可播种。紫花苜蓿种子可在50~60℃温水中浸泡30分钟。

（5）根瘤菌接种　豆科牧草能与根瘤菌共生固氮，当豆科牧草生长在原产地及良好的土壤条件下，在它们的根上生有一种瘤状物，称为根瘤。只有土壤中存在某一豆科牧草所专有的细菌并达一定数量时，这种根瘤才能形成。这种能使豆科牧草根上形成根瘤的细菌，叫根瘤菌。第一次种豆科牧草的田地，一般缺少这种根瘤菌；另外同一土地上连续3年以上不种豆科牧草或4~5年不种同一豆科牧草，也缺少根瘤菌，都需要接种。

①菌种选择。接种前，首先要正确选择根瘤菌的种类。根瘤菌可分为8个互接种族，同族间可相互接种，不同族间接种无效。这8个互接种族是：

苜蓿族：苜蓿属、草木樨属、胡卢巴属。

三叶草族：三叶草属。

图 2-10　三叶草

大豆族：大豆属。

豇豆族：红豆属、金合欢属、猪屎豆属、胡枝子属、山蚂蝗属、木兰属。

豌豆族：豌豆属、野豌豆属、山黧豆属、兵豆属。

菜豆族：菜豆属的一部分种。

羽扇豆族：羽扇豆属、鸟足豆属。

其他：包括一些上述族均不适合的小族，各自含 1~2 种植物，如百脉根属、田菁属、红豆草属、黄芪属、小冠花属等。

②接种方法主要有以下几种：

干瘤法　是在豆科牧草开花盛期，选择健壮的植株将其根部仔细挖起，用水洗净，再把植株地上茎叶全部切除，然后放入避风、阴暗、凉爽日光直射不到的地方。使其慢慢阴干。在牧草播种前，将上述干根取下，弄碎，拌种。一般每公顷种子用45~75株干根即可。

鲜瘤法　用 0.5千克晒干的菜园土，加一小杯草木灰，拌匀盛入大碗中，盖上盖在锅内蒸30分钟到1小时，待其冷却后备用，将选好的根瘤（在主根上，根瘤中心粉红色或红色为佳）30~50粒磨碎，用少量冷开水或冷米汤拌成菌液，将菌液与蒸过的土拌匀，置于20~25℃温箱内保持3~5天，每天略加冷开水翻拌，即成菌剂。拌种时，每公顷种子用 750克左右。另外，还可使用商品根瘤菌剂进行拌种，按使用说明书使用即可。

③接种时应注意以下几点：第一，根瘤菌不能在阳光下直接照射；第二，根瘤菌不能与农药一起拌种；第三，已拌根瘤菌的种子不能与生石灰或大量浓厚肥料接触；第四，根瘤菌不宜在酸性土壤或过于干燥的土壤中使用；第五，根瘤菌专一性强，一定要同族根瘤菌拌种。

三、牧草的播种

（一）牧草的播种时期

播种期的确定应综合考虑如下几方面的因素：第一，水、热条件有利于牧草种子的迅速萌发及定植，确保苗全苗壮；第二，杂草病害较轻，或播种前有充足的时间消除杂草，减少杂草的侵袭与危害；第三，各种牧草的生物学要求。

1.春播

适于春季气温条件较稳定，水分条件较好，风害小而田间杂草较少的地区。春性牧草及一年生牧草由于播种当年收获，必须实行春播。夏季气温较高不利于牧草生长及种苗越夏，而且秋季时间短，天气骤寒不利于牧草越冬的地区，一般也采用春播。但春播时杂草危害较严重，要注意采取有效的防除措施。

图 2-11　春播

2.夏播与夏秋播

在我国北方一些地区如内蒙古、山西、甘肃、陕西等地区，春播时由于气温较低而不稳定，降水量少，蒸发量大，风大且刮风天数多，不利于牧草的抓苗和保苗。在春季风大且干旱的情况下，这些地区春播往往容易失败。但是这些地区夏季或夏秋季气温较高而稳定，降水较多，形成水、热同期的有利条件，这对多年生牧草的萌发和生长极为有利。因此，在这些地区，播种前，合理进行土壤耕作，清除杂草，播种多年生优良牧草。特别是在旱作条件下播种，夏播和夏秋播具有很大的优越性。

3. 秋播

主要适用于我国南方的一些地区，播种时间多在每年9~10月份。这些地区春播时杂草危害较重，夏播时由于气温过高，不利于种苗的生长。另外，对于冬性牧草而言，播种当年是不能形成多大产量的，只形成草簇或莲座状叶丛，而在夏播、夏秋播和秋播的条件下，经越冬后，第二年可获得高产，而越年生牧草要进行种子生产则必需秋播。

图 2-12　秋播

（二）牧草的播种方法

牧草的播种是牧草生产中重要环节之一，只有认真做好这一工作，才能保证苗全苗壮和获得优质高产的牧草。牧草的播种方法主要有条播、撒播和点播等。

1. 条播

条播可利用播种机播种，也可人工开沟条播。条播时行距因牧草种类和利用方式不同而不同，一般行距为15~30厘米。收草时行距宜小，收种子时行距宜大。行距大小应以能否获得高产优质的牧草为标准，同时考虑要便于中耕除草和施肥。条播的深度应均匀一致，以便出苗整齐。条播可用于大田生产，也可用于育苗，是大多数牧草播种采用的方式。

2. 撒播

撒播是在整地后用人工或撒播机把种子撒播于地表，然后用耙盖土。撒播常常因撒种不均和盖土厚度不一，造成出苗不整齐。若能小雨前撒播效果往往较好。撒播的主要缺点是出苗不整齐，无行距，难以中耕除草和管理。撒播常用于苗田播种。

3. 点播

点播是间隔一定距离，挖穴播种，适于在较陡的山坡荒地上播种，点播节省种子，出苗容易，间苗方便。多用于玉米、叶荚类牧草的播种。

图 2-13　点播

（三）牧草的播种量

播种量主要根据牧草的生物学特性、种子的大小、种子的品质、土壤肥力和整地质量、播种方法、播种时期及播种时气候条件等因素来决定。此外，实际播种量还要根据种子净度和种子发芽率，即种子用价来决定。

计算公式如下：

实际播种量（千克／公顷）=种子用价为 100% 时播种量种子用价 %

种子用价 = 种子发芽率（%）× 种子净度（%）

常见牧草播种量见下表。

表 2-1　主要牧草的播种量（千克／公顷）

牧草	播种量	牧草	播种量
紫花苜蓿	11.25~15.0	无芒雀麦	15.0~18.75
红三叶	9.0~12.0	羊草	37.5~52.5
白三叶	4.5~7.5	披碱草	22.5~30.0
沙打旺	2.25~3.0	多年生黑麦草	15.0~18.75
草木樨	15.0~22.5	苏丹草	22.5~37.5
百脉根	7.5~15.0	苇状羊茅	1.25~18.75
柱花草	1.5~30	鸭茅	10.5~15.0
红豆草	45.0~60.0		

注：参见韩建国等《优质牧草的栽培与加工贮藏》。

（四）牧草的播种深度

牧草播种深度是种植牧草成败的关键因素之一。影响牧草播种深度

图 2-14　牧草的播种深度

的因素主要有牧草的类型、种子的大小、土壤含水量、土壤类型等。一般来说，牧草以浅播为宜，宁浅勿深。牧草种子细小，一般播深以2~3厘米为宜，豆科牧草是双子叶植物，顶土能力较弱，宜浅播；禾本科牧草是单子叶植物，顶土能力较强，可稍深，深度可达3~5厘米。大粒种子可深，小粒种子宜浅，如苦荬菜深度不超过3厘米。土壤干燥可稍深，潮湿则宜浅。土壤疏松可稍深，黏重土壤则宜浅。耕翻后立即进行播种时，由于耕层疏松，很容易出现覆土过深的现象。因此，在播种前应进行镇压，使土层下沉，有利于控制覆土深度。

（五）牧草的保护播种

在一年生作物保护下，播种多年生牧草，这种播种形式叫作保护播种。保护播种有三大好处：一是抑制杂草对牧草的危害；二是利用一年生作物生长快的特点，对牧草幼苗起防风、防寒的保护作用；三是充足利用土地，当年有所收益，因为多年生牧草当年生长较缓慢，产草量低，而一年生作物有所收获。当然保护播种也有缺点，保护作物在生长中、后期与牧草争光、争水、争肥。

1. 保护作物的选择

保护作物一般要求是生长期短、枝叶不十分繁茂的一年生作物，如小麦、大麦、燕麦、大豆等。

2. 保护播种的播种技术

保护播种一般牧草的播种量不变，保护作物的播种量减少

25%~50%。保护作物常采用较牧草早 10~15 天播种。采用间行条播的形式播种，牧草行距 30~40 厘米，行间播种一行保护作物，牧草与保护作物之间行距为 15 厘米左右。保护作物多提前收获，以确保牧草的生长；若保护作物生长过于茂盛，则可部分割掉。

播种的播种技术

第三章　优良牧草品种与栽培技术

一、象草（王草、杂交狼尾草等）

象草（王草、杂交狼尾草等）属多年生草本植物，种一次一般可利用 6~10 年。一般常见的优良牧草品种包括桂牧 1 号杂交象草、王草、紫象草、矮象草、甜象草，也即在生产中俗称的皇竹草、菌草等。各品种

图 3-1　矮象草

特性虽然有所差异，但栽培技术基本相同。其中桂牧1号杂交象草是广西畜牧研究所采用摩特矮象草为父本、杂交狼尾草（美洲狼尾草×象草）为母本进行杂交育成的。桂牧1号杂交象草与其他品种相比，在种植方面表现出适应性强、产量高、品质较优的特点，成为很多省市种植最广泛的主推多年生优良草品种。

图 3-2　杂交狼尾草

（一）特征特性

桂牧1号杂交象草植株高大，一般株高2~3米。根系发达，具有强大伸展的须根，多分布于深40厘米左右的土层中，最深者可达2米。在温暖潮湿季节，中下部的茎节长出气生根。茎丛生、直立、有节，直径1.5~2.0厘米，圆形。分蘖多，通常达50~150个。叶互生，长100~120厘米，宽4.8~6.0厘米，叶面具茸毛。圆锥花序呈黄褐色或黄色，长15~30厘米，每穗有小穗250多个，每小穗有花3朵。种子成熟时容易脱落。种子发芽率很低，实生苗生长极为缓慢，故一般采用种茎（苗）繁殖。

图3-3　桂牧1号杂交象草

矮象草植株高度在1.5米以下，茎秆节间缩短，故茎秆少、叶量大，但叶片较粗糙。

桂牧1号杂交象草喜温暖湿润气候，适应性很广，在海拔1200米以下地区均能良好生长，能耐轻霜，但如遇严寒，仍可能冻死。在气温12~14℃时开始生长，23~35℃时生长迅速，8~10℃时生长受抑制，5℃以下时停止生长。具有强大的根系，能深入土层，耐旱力强，经 30~40 天的干旱，仍能生长；在特别干旱、高温的季节，叶片稍有卷缩，叶尖端有枯死现象，生长缓慢，但水分充足时，能很快恢复生长。对土壤要求不高，各类荒山坡地、空闲隙地、沙土、黏土和微酸性土壤均能生长，但以土层深厚、肥沃疏松的土壤最为适宜。再生能力强，生长迅速，在高水肥条件下，产量提升潜力很大。

桂牧 1 号杂交象草具有较高的营养价值，经广西畜牧研究所测定，干物质中含粗蛋白质 14%、粗脂肪 2.32%~4.60%、粗纤维 23.1%~28.88%、无氮浸出物 34.1%~49.38%、粗灰分 12.55%~24.19%、钙 0.25%~0.95%、磷 0.11%~0.52%，蛋白质含量和消化率均较高。每亩年产鲜草 15~20 吨，高产者达 30 吨以上。每年可刈割 3~6 次，生长旺季每隔 25~30 天即可刈割 1 次。不仅产量高，而且利用年限长，一般为 6~10 年。

（二）高产栽培技术

1. 选地与整地

可利用各类土地种植，使用新开垦地或贫瘠土地时，应提前 1~2 个月翻耕除草，并施用有机肥，使土壤熟化或培肥。有条件的选择土层深厚、疏松、肥沃且排水良好的土地种植。宜深耕翻 30~40 厘米。翻耕后犁耙，使土块细碎、地面平整，并起垄、开好排水沟。

2. 施足基肥

基肥对牧草实现高产十分重要，在耕翻前施入有机肥（猪、牛粪等）

3000~10000 千克／亩作基肥。

图 3-4　基肥

3. 栽植

3 月中旬至 4 月初选择健康种茎进行集中育苗。具体方法：选择耕作便利、土质疏松、肥沃的土地做苗床地。施腐熟的畜粪 2000~3000 千克／亩作基肥；整细耙平；按畦宽 150 厘米、沟宽 30 厘米起垄做畦。种茎起窖后，利用铡刀或砍刀，从节间切割，将种茎分切成 3~5 节一段。将切割好的种茎按间距 2~3 厘米密集排放到苗床地，并覆盖细土厚 3~5 厘米。完成后洒水浇透土壤，再用地膜覆盖。种茎节发苗达 70% 以上后，揭去地膜。撒施尿素 6~20 千克／亩或浇施沼液 500~1000 千克／亩，促进幼苗生长。幼苗生长至 3~5 叶时期选择正常种苗栽植。按行距 80~90

厘米开沟，沟深 10~15 厘米；按株距 50~60 厘米定植；每亩土地种植种苗 1000~1200 株。栽植时间 3 月底至 4 月，当气温达 15℃以上时，选择降雨前或阴雨天气栽植。

4. 田间管理

栽植后及时检查成苗情况，对缺苗率超过 10% 的地块，应及时补栽，当天气及土壤干燥时要及时浇水保苗。

栽植苗成活后 5~7 天可追施尿素 5~6 千克／亩，或浇施沼液（土壤干燥时）1500~2000 千克／亩，以促进幼苗生长和分蘖；在生长期或刈割后及夏季高温干旱天气，宜分期追肥，每次每亩追施尿素 8~10 千克或浇施沼液 1500~2000 千克。

春季杂草多，苗期发生杂草危害时要进行 1~2 次中耕除杂，到植株高度达 50 厘米以上时即可覆盖杂草并抑制杂草生长。

雨水季节低洼地要开通排水沟，防止地块积水而影响牧草生长。夏、秋季干旱时要及时灌溉，利用沼液浇施或喷灌，可能达到灌溉、施肥的双重目标。

在桂牧 1 号象草最后一次刈割后，过冬前宜亩施畜粪（牛、猪粪）5000—8000 千克覆盖根蔸，以防止根蔸受冻害，确保根蔸安全越冬，并可促进下年度宿根早萌发，为获得高产打下基础。

5. 收获与利用

当桂牧 1 号象草生长至草层高度 150~220 厘米时刈割。刈割利用期 5—

11月，年可刈割3~6次，在初霜前完成最后一次刈割。

鲜喂时，适宜刈割高度为150~180厘米，此时牧草幼嫩多汁，适口性好；青贮加工，适宜刈割高度为180~220厘米，此时牧草水分含量低，干物质产量高。刈割留茬高度8~15厘米。

桂牧1号象草茎秆粗壮，一般宜经揉搓机械揉搓后，使茎叶破碎、柔软，可提高利用率。揉搓后鲜草可直接饲喂，牛、羊等喜食。也很适宜青贮加工。

青贮加工的，刈割后经晾晒3~5个小时，使鲜草水分含量降至65%~75%，通过揉搓或打碎，进行拉伸膜裹包或青贮窖青贮。

图3-5　机械揉搓

二、高丹草

高丹草是饲用高粱与苏丹草的杂交组合，相关组合品种很多。因其产量明显高于广泛应用的苏丹草，而且抗病性与品质明显优于苏丹草，以成为替代苏丹草的推广优良品种。

图 3-6　高丹草

（一）特征特性

高丹草属一年生草本植物，根系发达，茎高 2~3 米，分蘖能力强，叶量丰富，叶片中脉和茎秆呈褐色或淡褐色。疏散圆锥花序，分枝细长；种子扁卵形，棕褐色或黑色，千粒重 10~12 克。

高丹草属于喜温植物，不抗寒、怕霜冻。对土壤要求不严，无论沙土壤、微酸性土和轻度盐碱地均可种植，但耐贫瘠能力不如象草强。

种子发芽最低土壤温度16℃，最适生长温度24~33℃，幼苗时期对低温较敏感，已长成的植株具有一定抗寒能力。抗旱力强，在降水量适中或有灌溉条件的地区可获得高产。营养生长期较长，具晚熟特性。分蘖能力强，分蘖数一般为20~30个，分蘖期长，可延续整个生长期。叶色深绿，表面光滑。

（二）高产栽培技术

1. 整地

紧实板结土壤使用机械耕翻整地，熟地疏松土壤利用旋耕机旋耕整地。整地前应施入充足的有机肥（猪、牛粪等）3000~6000千克/亩作基肥。

2. 播种

高丹草对播种期无严格要求，从4月上旬至7月中旬都可播种。为做到青绿饲料轮供，可在不同地块进行分期播种，每隔20~25天播种一期。一般条播为好，行距30~40厘米，播深1.5厘米，播种量每亩2.0~2.5千克；也可撒播，撒播每亩播种量2.5~3.0千克，播后应盖种。

3. 田间管理

出苗后及时追施"断奶"肥1次，每亩施尿素3~5千克；苗期有严重杂草危害的应进行除杂。分蘖期生长迅速，可每亩追施尿素5~10千克。每次割草后及时追施尿素5千克/亩左右。干旱天气使用沼液浇施，增产效果好。

4. 收获与利用

高丹草细嫩苗氢氰酸含量较高，家畜食用存在中毒危险，但生长到一定时间后，当植株高度达到1米后氢氰酸含量显著下降，所以在生长50天后或株高1米以上时刈割最安全。刈割留茬10~12厘米，过低会影响再生。一般年可刈割3~4次，每亩鲜草产量5000~8000千克。

图3-7　高丹草生长盛期

高丹草适口性较好，可以直接鲜喂，利用机械揉搓打碎后饲喂效果好。也适合青贮加工，用于加工的应在植株高度1.5米以上刈割。

三、甜高粱

甜高粱为杂交育成品种，其草产量和品质优于高丹草。

（一）特征特性

甜高粱是禾本科高粱属一年生草本植物。根系发达，茎秆高达3.5~4.0米，直立，茎髓带甜味。分蘖多，一般有5~10个分枝，主要由靠近地面的基节产生。茎基部10~20厘米处有不定根支持。叶宽线形，长达100厘米，宽4~5厘米，平展而两端稍狭，叶面光滑无茸毛，无叶耳，叶舌膜质。

图3-8　甜高粱

花序为疏散网锥花序，形似高粱，穗长达 50 厘米。籽实为颖果。种子呈扁卵形，有短芒，淡黄、棕黄色。

甜高粱属喜温植物，发芽最低温度为 10~12℃，最适生长温度 25~30℃。幼苗对低温忍耐性好，只有气温下降至 3~5℃时才受冻害。苗期生长缓慢，分蘖后生长加快。耐旱力较强。需肥量大，在瘠薄的土壤里生长不良，产量低。供青利用期每年 6—11 月。拔节期粗蛋白质含量 16.8%，含糖量高达 6%，味甜，草品质好。

（二）高产栽培技术

1. 整地

利用机械耕翻或旋耕整地，做到疏松土壤，平整地面，清除杂草。翻耕前应施足基肥，每亩施有机肥（猪、牛粪等）3000~6000 千克或复合肥 30 千克。

2. 播种

春季 3 月下旬（气温在 12~14℃）至 5 月之间均可播种。一般采用条播，行距 30~35 厘米，每亩播种量 1.0~1.5 千克，播深 1~2 厘米；也可撒播，撒播时播种量适当增加，播后应覆土盖种。

3. 田间管理

出苗后及时追施"断奶"肥 1 次，每亩施尿素 3~5 千克；幼苗期气温低，生长慢；视杂草严重情况中耕除杂；分蘖期及每次刈割后视苗情长势追施氮肥，每次可施尿素 5~7 千克／亩，以促进生长。7~10 月高温干旱季

节浇水灌溉可显著提高草产量，特别提倡利用沼液浇施，以达到施肥、灌溉的双重效果。

4. 收获与利用

一般播种出苗后生长两个月、植株高度120厘米左右时即可刈割利用，刈割时留茬高度8~12厘米。年可刈割3~4次，每亩产鲜草产量6000千克以上。

图 3-9　甜高粱收获

茎叶较柔嫩、适口性好，直接鲜喂，牛、羊等草食畜喜食。经揉搓打碎后饲喂，效果更好、利用率更高。其含糖量高，青贮效果好，用于青贮时宜在株高200厘米左右时刈割。

四、饲用玉米

饲用玉米是指专门用作青饲料栽培的玉米品种。其茎秆粗壮、叶片宽大、生长发育快、草产量稳定、营养丰富、品质好,特别适宜青贮加工。

(一)特征特性

玉米为禾本科玉米属一年生草本植物,须根极强大,茎秆直立,光滑,地面茎节上轮生几层气生根,秆高 250~300 厘米。叶片长 60~130 厘米,宽 15 厘米左右,柔软下披。雌雄同株异花,雄花为圆锥花序,分主枝与侧枝;雌花为肉穗花序,外有包叶,果穗中心有穗轴。颖果,呈扁平

图 3-10 饲用玉米

或近圆形，颜色为黄、红、白、花斑，千粒重 300~400 克。

玉米生长发育快，出苗后生长 60~80 天可收割，春、夏、秋季均可种植，适用于倒茬及季节性供青种植。一般使用熟地或肥沃土地种植。玉米对光照敏感，适合选择在南方引种。为延长生育期，可选用专用饲用（青贮）玉米品种，或选择生育期长、植株高大的品种，这些品种鲜草产量高。

（二）高产栽培技术

1. 整地

利用机械进行耕翻或旋耕整地，做到疏松土壤 18~20 厘米，平整地面，清除杂草。翻耕前应施足基肥，每亩施有机肥（猪、牛粪等）2000~3000 千克或施用复合肥 30 千克。

2. 播种

4 月上旬至 9 月上旬均可播种，可采取分期播种，以达到错开利用期的目的。同一地块可播种 2~3 茬。以条播或点播为好，行距 35 厘米或行株距 35 厘米 ×（15~20）厘米，也可撒播。播种深度 2~4 厘米，播后盖种。专用饲用玉米品种亩播种量 1.5~2.0 千克，普通玉米品种亩播种量 5~8 千克。

3. 田间管理

玉米不分蘖，必须保证全苗，要及时查看出苗情况，出苗不足的要及时补种。

　　出苗后及时追施"断奶"肥1次，每亩尿素3~5千克；幼苗生长较快，一般不会受杂草危害；在生长期视苗情长势追肥1~2次。播种第二、第三茬时因处于夏秋季，天气高温干旱，要特别注意灌溉，以保障出苗和全苗。提倡施用沼液，以同时达到施肥、灌溉的效果。

4. 收获与利用

　　一般出苗后生长60~80天在玉米棒乳熟期收割，品质最好。每亩鲜草产量3000~6000千克。由于玉米茎秆粗壮，利用时宜经机械揉搓后饲喂。鲜草直接饲喂适口性好，也可进行青贮加工。因品质好，营养价值高，牛、羊等畜禽喜食。

图3-11　饲用玉米生长盛期

五、墨西哥玉米

墨西哥玉米又名大刍草，原产中美洲墨西哥等国。其分蘖力及再生能力强，适口性好，高产优质，是草食畜、禽、鱼的极佳青饲料。

图 3-12　墨西哥玉米

（一）征特性

墨西哥玉米为禾本科黍属一年生草本植物。丛生，茎粗，直立，高1.5~2.5 米，最高可达 5 米，叶长 70~90 厘米、宽 8~10 厘米。分蘖性强，每株可分蘖 30~60 个；茎秆粗壮，枝叶繁茂，质地松脆，具有甜味；种子褐色或灰褐色，千粒重 77 克。墨西哥玉米喜温暖湿润气候，耐热不耐寒，在 18~35℃时生长迅速，遇霜会逐渐凋萎；耐酸、耐肥，喜肥沃土壤，在高水肥条件下产量潜力大；全生育期约 210 天，供青期每年 6—11 月，一年可刈割 3~5 次，每亩产鲜草 10 吨 ~20 吨。

（二）高产栽培技术

1. 整地

利用机械进行耕翻或旋耕整地，做到疏松土壤，平整地面，清除杂草。翻耕前应施足基肥，每亩施有机肥（猪、牛粪等）3000~6000 千克或施用复合肥 30~50 千克。

2. 播种

春季 3 月下旬至 5 月之间均可播种。每亩播种量 1.0~1.5 千克，由于种子种皮厚，可利用 38~40℃的温水浸种 24 小时后播种。采用育苗移栽为好，在幼苗有 3~4 片叶时，按行株距（40~50）厘米 ×（25~30）厘米进行移栽；也可按行距 30~40 厘米条播或点播，播深 1~2 厘米；也可撒播，撒播时播种量适当增加，播后应覆土盖种。

3. 田间管理

移栽苗成活后 5~10 天或播种出苗后及时追施"断奶"催苗肥 1 次，每亩施尿素 3~5 千克；直播的幼苗易被地老虎咬食，要注意防除；幼苗期气温低，生长慢，视杂草严重情况中耕除杂；分蘖期及每次刈割后视苗情长势追施氮肥，每次可施尿素 5~7 千克 / 亩，以促进生长。7—10 月高温干旱季节浇水灌溉可显著提高草产量，特别提倡利用沼液浇施，以同时达到施肥、灌溉的效果。

4. 收获与利用

一般植株高度 100 厘米时即可刈割利用，刈割时留茬高 7~12 厘米。由于茎节粗壮，刈割时刀口要割成斜面，以免雨水停留在割口上影响再生。

图 3-13　墨西哥玉米收获

茎叶较柔嫩、适口性好，直接鲜喂，牛、羊等草食畜喜食。经揉搓打碎后饲喂效果更好、利用率更高。其含糖量高，青贮效果好，用于青贮时宜在株高 200 厘米左右时刈割。

六、苏丹草

苏丹草原产于北非苏丹，是世界各国栽培最普遍的一年生禾本科牧草。其适应性广、抗逆性强、好种易管。

图 3-14　苏丹草

（一）特征特性

苏丹草是禾本科高粱属一年生草本植物。根系发达，茎秆高 2~3 米、直立，中空，茎髓稍带甜味；分蘖多，主要靠近地表的几个茎节上产生分枝，一般 20~30 个；茎基部 20 厘米处有不定根支持；叶宽线形，长 80 厘米，宽 3~4 厘米平展而两端稍狭，叶面光滑无茸毛；疏散圆锥花序，形似高粱，穗长达 44 厘米；籽实为颖果，种子呈扁卵形，有短芒，色泽随品种不同而异，有浅黄、棕褐色及黑色之分，千粒重 11.69~12.81 克。

苏丹草为喜温植物，发芽最低温度 10~12℃，生长最适宜温度 25~30℃。幼苗期对低温最敏感，气温下降至 2~3℃ 即受冻害。耐旱力较强，对土壤要求不严，无论沙壤土、黏重土、微酸性土壤或盐碱地均可栽培，但过于瘠薄的土壤会导致生长不良，产草量低。一般 4 月播种，6 月抽穗开花，7—8 月上旬种子分批成熟，全生育期 110~120 天。

（二）高产栽培技术

1. 整地和施基肥

利用机械进行耕翻或旋耕整地，做到疏松土壤，平整地面，清除杂草。翻耕前应施用充足基肥，每亩施有机肥（猪、牛粪等）3000~5000 千克或施复合肥 30~50 千克。

2. 播种

当春季气温稳定在 15℃ 以上即可播种，一般 4 月为播种适期。为做到均衡供应青绿饲料，可采用分期播种，即每相隔 20~25 天播种一期，最后一期可至 7 月下旬结束。多采用条播，行距 25~35 厘米；也可撒播。每亩用种量 2.5~3.5 千克，播后盖种。

3. 田间管理

幼苗期生长较慢，出苗后应施催苗肥，每亩施尿素 4~6 千克，杂草严重时可进行 1 次中耕除杂。在分蘖期间视苗情薄施氮肥，以促生长。每次割草后要及时追肥，每次每亩可施尿素 4~6 千克或沼液 1000~2000 千克。高温干旱季节适时灌溉或浇施沼液，增产效果好。

4. 收获与利用

苏丹草在抽穗前当株高达 1.5 米左右时刈割利用最好，刈割时留茬高 5~8 厘米。年可刈割 3~5 次，每亩鲜草产量 4000~6000 千克。由于其幼嫩植株氢氰酸含量较高，饲喂牲畜可能有中毒危险，但植株生长至 1 米以上高度时刈割更为。苏丹草适口性较好，牛、羊等牲畜喜食，可直接鲜喂，经揉搓打碎后饲喂效果更好。其茎秆含糖丰富，适宜用于青贮，用作青贮时宜在抽穗至开花期刈割。

图 3-15　苏丹草生长盛期

苏丹草营养丰富，据检测分析，开花前干物质含量 89.6%，其中粗蛋白质 11.2%、粗脂肪 1.5%、粗纤维 26.1%、无氮浸出物 41.3%、矿物质 9.5%；开花后干物质含量 89.2%，其中粗蛋白质 8.4%、粗脂肪 1.5%、粗纤维 30.7%、无氮浸出物 41.8%、矿物质 6.8%。

七、多花黑麦草

多花黑麦草是吉林省及南方秋冬季种植的重要优良牧草品种，其适应性广、抗逆性强、产量高、草质好，适合饲喂各类畜禽，是冬春季畜禽的最优青饲料。在生产上种植的品种很多，其表现优良的品种有赣选 1 号、特高、绿岛、杰威、邦德等。

图 3-16　多花黑麦草

（一）特征特性

多花黑麦草为越年生禾本科黑麦草属草本植物，植株高 120~150 厘米，茎秆圆柱形，直立光滑，叶片柔软下披，叶背光滑而有光泽，深绿色，叶片比多年生黑麦草略长而宽。穗状花序，每小穗有小花 10~20 朵。小穗芒长为 1.2~1.5 厘米，外稃上部延伸成芒，长 0.1~0.8 厘米，这是区别于多年生黑麦草的主要特征。每穗花序有种子 120 粒左右，种子小而轻。

多花黑麦草性喜温暖湿润气候，耐低温，10℃左右生长良好，在日平均气温 20~30℃时生长迅速。较耐寒、耐湿润，但忌积水，喜壤土，耐盐碱、耐酸，能在贫瘠土壤里生长，是荒山荒地的先锋草种。生长期分蘖力及再生能力极强，耐刈割性好，可频繁刈割，又可放牧利用，耐牧性好。种子一般在 5 月下旬成熟，全生育期为 185~200 天，具落籽自生性。

（二）高产栽培技术

1. 整地

多花黑麦草的种子比较轻且小，所以需要精细整地。一般利用旋耕机旋耕整地，做到土壤疏松，地面平整。翻地前，亩施优质粪肥 2000~4000 千克作基肥。利用冬闲田种植时，也可不整地，进行免耕直播。

2. 播种

多花黑麦草一般在 9 月中旬至 11 月下旬播种，最适宜播种期 9 月中旬至 10 月中旬。刈割鲜草用的黑麦草亩播种量为 1.5~2.0 千克，以条播为宜，播前可用钙镁磷肥或草木灰拌种，行距 25~30 厘米，播种后覆土 1~2 厘米。也可撒播，一般大面积种植多采用撒播，可以省时省工。采用板田免耕直播时，亩播种量增加到 2.5~3.0 千克。

3. 田间管理

苗期每亩追施尿素 7.5~10 千克，冬闲田种植时注意疏通排水沟，避免田间积水。天气干旱时要及时灌溉或浇施沼液。生长期视生长情况施肥。每次刈割后，都要追一次肥，每次亩施尿素 5.0~7.5 千克或浇施沼液 1000~2000 千克。

4. 收获与利用

多花黑麦草一般在 30~60 厘米高时刈割利用，留茬高 5~7 厘米。其

图 3-17 多花黑麦草生长盛期

供草期为 12 月至翌年 5 月下旬，丰产期在 3—5 月，可收割 3~5 次，鲜草每亩产量 4000~5000 千克，水肥条件良好可达 8000 千克以上。多花黑麦草草质优良，粗蛋白含量 17.86%、粗纤维 14.21%、粗灰分 12.82%。鲜草柔嫩多汁，适口性好，鲜草直接饲喂，畜禽喜食。也可青贮加工，在天气良好情况下也可用于晒制青干草。

多花黑麦草还是良好的绿肥作物，农田种植时可在春耕插秧前翻沤作绿肥；同时，还是开垦荒地的先锋草种和水土保持的优良品种。

（三）多花黑麦草与紫云英免耕混播技术

"稻－草"轮作是开发利用冬闲田，推行农牧结合、发展冬季农业的有效措施。利用多花黑麦草与传统绿肥作物紫云英（俗称红花草）免耕混播，可提高牧草的整体营养价值及饲用效果。同时，黑麦草、紫云英是优质绿肥，翻沤入田，能培肥地力、改良土壤、改善土地耕作性能、提高后茬作物产量。免耕技术应用于"稻－草"轮作中牧草生产，能有效地节省人工，减少投入，降低成本，及时播种，争取最佳耕种时节，提高牧草产量以及生产效益。

多花黑麦草与紫云英免耕混播，要求晚稻收割时应尽量降低稻茬高度在 10 厘米以下，并及时清理或移除刈割下来的稻草，以免影响种子出苗和之后饲草的收割。按确定的播种量处理好种子，直接撒播于湿润的稻田里，利用田间的湿润条件，促进种子快速出苗。主要技术措施如下：

1. 品种选择

多花黑麦草选择赣选 1 号黑麦草或特高多花黑麦草等四倍体品种；紫云英选用迟花大叶型（晚熟）品种。

图 3-18　紫云英

2. 种子处理

由于草种子小而轻，撒种后种子不易掉落到田土中，因此，播种前应进行种子处理。种子处理方法与传统的紫云英种子处理方法相同。按种子量将黑麦草与紫云英混合，浸种 3~4 小时，冲洗沥干水分，选用黏性强的塘泥将种子拌匀后加入适量的钙镁磷肥或干燥泥土，制成丸衣种子。

3. 播种

将处理好的多花黑麦草和紫云英种子撒播至 2/3 田中。播种量：黑麦草 2~3 千克／亩，紫云英 0.5~1.0 千克／亩。先将 2/3 的种子进行竖撒，再将 1/3 的种子进行横撒，力求撒种均匀一致。地块完成播种后可用开沟机按畦距 1.2~1.5 米、沟宽 30 厘米浅开沟，旋起的碎土可覆盖种子，提高出苗率，浅沟也可起排水作用。

图 3-19　多花黑麦草与紫云英混播

4. 田间管理

（1）播种时田地要保持湿润　切忌积水，否则会沤坏种子。播种出苗后如遇干旱天气，要灌一次"跑马水"。保持田间湿润，既可满足牧草生长需要，也能满足牧草对水分的要求，有利于提高产量。

（2）尽量低割水稻　收割水稻时牧草苗已长到 5 厘米左右，践踏对草苗生长有所影响，但不会造成死亡。稻子收获时尽量低割，以免稻茬影响牧草的收割利用。收割完稻谷后，应及时将稻草清理出田间，避免稻草覆盖将草苗捂死或形成高脚苗，影响成苗率和草苗质量。

（3）追施苗肥促进生长　收割完水稻后每亩施尿素 3~5 千克或复合肥 7~10 千克或有机复合肥 50~100 千克。

（4）做好排水、灌溉工作　及时开挖墒沟，以利排、灌水和降渍。开好"十"字沟或"井"字沟以及田边的围沟，达到沟沟相通，排灌自如，田面不积水。开沟挖出的泥土，应散放在田面上，不要摆成田埂阻碍排水。缺苗地可及时撒播补种。

冬季干旱时应及时灌溉，越冬期间应施 1 次复合肥，以增强草苗抗寒能力，提高鲜草量。

5. 收割利用

当牧草生长高度 30~50 厘米时可开始收割利用，留茬高度 5~6 厘米。每次割草后可每亩撒施尿素 5~10 千克，以利再生。

八、燕麦

燕麦为秋播冬性草品种，与多花黑麦草相同。与多花黑麦草比较，其耐寒性好，前期生长快，供青早；干物质含量高，可避免喂多后产生的家畜拉稀问题。但其生育期短、再生性稍差，总产量较低，宜与多花黑麦草混播，以达到互补效果。

图 3-20　燕麦

（一）征特性

燕麦属禾本科燕麦属越年生草本植物，分为有壳燕麦（亦称皮燕麦）和无壳燕麦（亦称裸燕麦）两种，其中有壳燕麦主要用于生产籽实精饲料和饲草，通常称为饲用燕麦。株高 100~150 厘米，须根系，入土较深。幼苗有直立、半直立、匍匐 3 种类型；抗旱、抗寒者多属匍匐型，抗倒伏、耐水肥者多为直立型。叶有突出膜状齿形的叶舌，但无叶耳。圆锥花序，有紧穗型、侧散型与周散型 3 种；分枝上着生 10~75 个小穗。籽实千粒重 20~40 克。自花传粉，异交率低。

燕麦是长日照作物。喜凉爽湿润环境，忌高温干燥，耐寒性好，在 −4~−3℃ 的低温下仍能生长，最适温度为 15~20℃。对土壤要求不严，能耐 pH 值 5.5~6.5 的酸性土壤。但适应性不如多花黑麦草强，土壤肥力差对其生长影响大。

（二）高产栽培技术

1. 整地

燕麦种子颗粒较大，出苗需要良好的土壤和水分条件，应做到精细整地，保持土壤松软细碎，并在整地前施足基肥，每亩畜粪肥 2000~3000 千克。

2. 播种

秋季 9 月至 10 月上中旬播种，宜早播。亩播种量 5~7 千克，按行距 30~35 厘米条播为好，播种深度 2~3 厘米，播后盖种。撒播时出苗效果差，应增加 50% 的播种量。采取与多花黑麦草混播效果良好，用种比例 1：1 为宜。

3. 田间管理

苗期每亩追施尿素 7.5~10 千克，冬闲田种植时注意疏通排水沟，避免田间积水。天气干旱时要及时灌溉或浇施沼液。生长期视生长情况施肥。每次刈割后，都要追肥一次，每次亩施尿素 5.0~7.5 千克或浇施沼液 1000~2000 千克。

4. 收获与利用

燕麦前期生长快，当生长高度达到 30~60 厘米时可刈割利用，留茬高度 6~8 厘米。每年可刈割 2~3 次，每亩鲜草产量 3000~5000 千克。草品质优良，适口性好，鲜草直接饲喂，畜禽喜食。也可进行青贮加工。干物质含量高，可在天气良好的情况下收割晒制青干草，干燥效果比多花黑麦草好。

图 3-21　燕麦生长盛期

九、菊苣

菊苣具有品质好、速生、利用期长等特点，并因其蛋白质含量高，被称为高蛋白饲草。表现耐热、抗旱性较强的品种有普那、奇可利等。

图 3-22　菊苣

（一）特征特性

菊苣为菊科属多年生宿根植物，莲座叶丛型。主根粗壮、肉质，主茎直立，分枝偏斜；茎具条棱，中空，疏被绢毛；叶期平均高度 60 厘米，抽茎开花期高达 200 厘米；叶背疏被绢毛，基生叶倒向，叶长 10~46 厘米、宽 8~12 厘米；茎生叶渐小。6 月初开蓝色花朵，花期 2—3 月，8 月份种子成熟，每亩产种子 30~40 千克，种子呈黄色，千粒重 0.96~1.2 克。

菊苣喜温暖湿润气候，耐寒性强，冬季在南方能正常生长，在寒冷

的北方当气温在 –8℃时仍保持青枝绿叶；较耐热，在炎热的南方夏季休眠 1~2 个月，在有灌溉条件下也能正常生长。耐干旱能力弱，宜选择肥沃土壤种植。

（二）高产栽培技术

1. 整地施肥

菊苣种植需选择中性或弱酸性具灌溉条件下的肥沃土壤。肥力不足、土质差的土地种植存在越夏死亡率高的问题。整地前应施足基肥，每亩可施畜粪肥 3000~5000 千克。菊苣种子细小，土地宜深翻耕后整细耙平，使土块细碎、地面平整，清除杂草。

2. 播种

菊苣种植一般不受季节限制，最低气温在 5℃以上均可播种。吉林省以 9~11 月秋播为宜，春季播种的最好在 4 月中旬前。一般条播，亩播种量 0.2~0.3 千克，播前先用钙镁磷肥及细沙土将种子拌匀，播种深度为 1~2 厘米，播后盖种。

采用育苗移栽效果好。每亩用种子 100 克。整理苗床地，将种子均匀撒在苗床上，然后在上面撒上 1~2 厘米厚草木灰或细土盖种，保持苗床湿润。待幼苗长出 3~4 叶时，即可选择在阴雨天气进行移栽，移栽时将叶片切掉 1/2，可提高成活率。栽植行株距 30 厘米 ×（15~20）厘米，栽后应浇水至成活。

3. 田间管理

播种后一般 5~10 天可出齐苗，出苗后应追施速效氮肥，每亩追施尿素 3~5 千克或沼液 1000~2000 千克，以促使幼苗快速生长。菊苣苗期竞争不过杂草，要特别注意杂草危害，需人工除草或采用单子叶植物除草剂喷施。干旱天气应及时浇水或浇施沼液，以利于提高产量和保持菊苣生产的稳定性。但菊苣喜水怕涝，如果地里积水时间过长，易患根腐病，造成植株的死亡，因此雨水天气情况下应及时排除积水。

图 3-23　菊苣人工除草

4. 收获与利用

菊苣生长高度达到 30~50 厘米时可收割利用，刈割后的留茬高度为4~5 厘米。生长盛期一般 25 天可刈割一次，每年可收割 7~8 次，每亩鲜草产量 7~10 吨，高产的达 15 吨。

应注意菊苣不宜在雨水天气收割，如果雨水感染刀口，易造成霉烂和植株死亡。此外，6—7 月随着温度升高，菊苣极易抽薹，应及时刈割利用，防止抽薹。对将抽薹的植株宜采取平地刈割方式，降低留茬高度，可减少植株越夏死亡。

图 3-24　菊苣生长盛期

菊苣草品质及适口性极好，直接鲜喂，牛、羊、猪、兔、鸡、鸭、鹅等均喜食。其干物质中粗蛋白质为 15%~32%、含 17 种氨基酸，特别是动物生长所必需的 10 种氨基酸含量丰富，粗脂肪 5%、粗纤维 13%、粗灰分 16%、无氮浸出物 30%、钙 1.5%、磷 0.24%。由于对种植管理要求较高，主要在养猪、鹅、兔等时选择种植。

十、串叶松香草

串叶松香草属于高产多年生草品种，利用期长，适应性极强，茎脆、叶肥厚，特别适合养羊利用及草粉加工。

（一）特征特性

串叶松香草是菊科多年生草本植物。茎秆直立，一般株高 1.8~2 米，最高可达 3 米以上。茎生叶对生、肥大，叶量多占整株草量的 55%~70%。叶卵形、边缘有缺刻。头状花序，花冠黄色，果实为瘦果，长心脏形，棕色，种子成宽扁心状暗褐色，千粒重约 20 克。

图 3-25　串叶松香草

串叶松香草喜温暖湿润，耐严寒，抗干旱，耐热，冬季0℃以上、夏季温度40℃条件下能正常生长，耐湿且抗病力较强。喜肥沃壤土，耐酸性土，不耐盐渍土，在酸性红壤、沙土、黏土中生长良好。串叶松香草花期较长，5月下旬开始现蕾，6月下旬至8月中旬盛花期，8月初开始种子陆续成熟。具落籽自生性。再生性强，耐刈割，产量高，因植株含有松香树脂香味而得名。

（二）高产栽培技术

1. 整地

串叶松香草可多年利用，宜选择土质较肥沃的土壤种植，并施足基肥，每亩施优质粪肥5000~7000千克。土地深翻耕后整细耙平，使土块细碎、地面平整，清除杂草。

2. 播种

串叶松香草春、秋两季均可播种，以育苗移栽为好。选择肥沃土地进行育苗，每亩用种量0.3~0.5千克。在幼苗3~5叶期，按行距60厘米、株距40~45厘米进行移栽。

可进行直播，直播时按行距50~60厘米、株距40~45厘米进行点播，每穴点种2~4粒，浅盖种。每亩播种量0.5千克左右。也可利用老根蔸分株繁殖，效果更好。

3. 管理

移栽成活或出苗后每亩追施氮肥（尿素）5~10千克或浇施沼液

1000~2000 千克。苗期视杂草情况中耕除杂 1~2 次，并浇施沼液 1~2 次。每次刈割后应随即追施速效肥料，以促再生。

4. 收获与利用

植株 60~80 厘米高度时可刈割，留茬高 6~7 厘米。年可刈割 4~7 次，一般第一年每亩鲜草产量 3500 千克以上，第二年亩产高达 10 吨 ~20 吨。

图 3-26　串叶松香草生长盛期

串叶松香草营养成分丰富，据化验：干草中含粗蛋白质 17.8%、粗脂肪 3.89%、粗纤维 17.2%、无氮浸出物 40.37%，每千克鲜草中含消化能 1750 千焦，可消化蛋白质 33.2 克。因含有微量松香脂，家畜禽初吃时，不太习惯，宜先与其他饲料拌匀连喂几天后就会慢慢适应。特别是羊、兔喜食。鲜草直接饲喂或打碎饲喂均可。茎叶肉质肥厚、松脆，是加工干草粉的理想草品种。

十一、苦荬菜

苦荬菜又名苦麻菜、凉麻、苦苣菜、莪菜等。在吉林省各地广为推广种植的"齿缘苦荬菜"是苦荬菜中一个最优质高产的品种。苦荬菜不仅产量高、质量好、各种畜禽均喜食，而且畜禽吃后有增进食欲、帮助消化、祛火健胃的作用，是夏季优良的青饲料。

图 3-27　苦荬菜

（一）特征特性

苦荬菜是菊科一年生草本植物。直根系，茎直立，株高可达 1.5 米左右，茎叶含白色乳汁，上部多分枝，光滑或稍有毛。叶片披针形，叶缘呈锯齿状，故有"齿缘"之称。头状花序，舌状花呈黄色，瘦果纺锤形、黑色，种子细小而轻，千粒重约 0.67 克。

图 3-28　苦荬菜特征

　　苦荬菜对气候的适应性很强，较耐寒，一般在早春即可播种，耐热性好，春、夏、秋季生长，一直可生长到霜降为止。对土壤选择要求不严，微酸微碱土壤可种植，不耐贫瘠，忌旱怕涝，喜水喜肥，在排灌良好的肥沃地生长最好。

（二）高产栽培技术

1. 整地

　　苦荬菜种子小而轻，因此，土地需要整平耙碎，施足基肥，每亩施畜粪肥 3000 千克以上。

2. 播种

　　早春（3 月初气温稳定在 10℃以上）播种，可直播或育苗移栽。

　　直播：按垄宽 1.0~1.5 米、沟宽 30 厘米起垄。每亩用种量 100 克，种子与火土灰（细土）或钙镁磷肥 25~50 千克混拌均匀后条播或撒播。条播行距 30 厘米，覆土 1.0~1.5 厘米，或撒播后覆土盖种。

育苗移栽：按垄宽 1.5 米做苗床，每亩苗床播种 1 千克，可移栽大田 10 亩。种子用火土灰（细土）或钙镁磷肥 25~50 千克混拌均匀后撒播苗床，覆土 1.0~1.5 厘米，浇水使土地保持湿润状态。气温低时可以利用薄膜覆盖育苗。

当幼苗长到 4~5 片真叶时起苗移栽。栽植株行距为（20~25）厘米 ×（30~40）厘米。

3. 田间管理

直播的一般不间苗，即使 2~3 株簇生在一起也能正常生长。在苗期杂草生长严重时要及时中耕除杂。直播的在出苗后、移栽的在成活后 5~10 天内追施尿素每亩 5~10 千克；之后视生长状况及时追肥；刈割期每刈割一次追肥一次，每次每亩施尿素 5~10 千克或沼液肥 1000~2000 千克，特别夏、秋干旱季节浇施沼液肥具有灌溉和施肥双重效果。

常有蚜虫危害，严重时可选用低毒杀虫剂喷杀，但喷药后 15 天内不宜收割饲用。

4. 刈割与利用

当株高 40~50 厘米时即可进行第一次刈割，留茬高度 10~15 厘米。每年可刈割 4~6 次，一般每亩鲜草产量 5000~7000 千克，高产可达 10000 千克。

苦荬菜是优质青饲料，其新鲜茎叶柔嫩多汁，适口性特好，各种畜禽喜食。特别是养猪、养鹅、养兔时，种植利用效果好，利用率100%。有试验表明，饲喂生猪时，通常多切碎或打浆后喂，对提高母猪泌乳力和仔猪的增重有显著效果。

据化验分析，苦荬菜风干茎叶内含粗蛋白质19.74%、粗脂肪6.72%、粗纤维9.63%、无氮浸出物44.02%。

5. 采种

苦荬菜可自己留种，一般在收割草1~2次后保留收种。因种子成熟期不一致，要随熟随收，也可以在种子大部分成熟时一次收割，打成小捆，放在避风向阳处，晾晒3~4天，轻轻敲打脱粒后晒干保存。

十二、苜蓿

苜蓿（学名：Medicago sativa L.）是豆科、苜蓿属多年生宿根草本植物，茎直立、丛生或匍匐，呈四棱形，多分枝；托叶较大，卵状披针形，小叶片呈倒卵状长圆形；花朵是成簇状的总状花序；花梗呈尊钟状，花冠紫色花；果实螺旋形，熟时呈棕褐色；种子小而平滑，呈黄色或棕色。

做为优选牧草之一的苜蓿，在我国的主产地主要分布在内蒙古、四川、贵州、广西、湖北、江苏、福建、新疆、甘肃等地方。苜蓿草是一年生或多年生草本植物，它是苜蓿属植物的通称，其原产于欧洲与美洲，是一种优良的牧草。

图 2-29　苜蓿

（一）特征特性

苜蓿是一种多年生开花植物，属于苜蓿属植物中的一种。它也被俗称为金花菜，被广泛应用于农业领域作为牧草。苜蓿在世界范围内非常受欢迎，特别是作为饲料资源和绿肥植物。

苜蓿的主要外观特点是它的紫色花朵。紫花苜蓿（Medicago sativa）是最著名的品种，也是用于饲养动物的主要种类之一。它具有坚韧的茎和羽状复叶，每个复叶包含三个小叶，叶形呈倒卵形。花朵通常为紫色或淡紫色，有时也可以是白色。苜蓿植株高 30~90 厘米（1~3 尺），主根

长，分枝多，从部分埋于土壤表层的根颈处生出。植株生长时许多茎从根颈芽生出，通常直立，茎上有多数具三小叶的复叶，近无毛。小叶倒卵形或倒披针形，长 1~2 厘米，宽约 0.5 厘米，顶端圆，中肋稍凸出，上半部叶有锯齿，基部狭楔形；托叶狭披针形，全缘。总状花序腋生，紫色。荚果螺旋形，无刺，顶端有尖曝咀，含 2~8 枚乃至更多的种子。花果期 5 — 6 月。花小。在阳光充足，热量中等，气候干燥，有传粉昆虫的地区生长繁盛。

苜蓿在不同的地理环境和气候条件下都适应得很好。它可以耐受低温和干旱，具有良好的耐旱性，是一种适应性强的植物。由于其根系发达且具有较长的生命周期，它能够吸收更多的养分并在土壤中积累有机质。因此，苜蓿也经常被用作绿肥植物，能够改良土壤结构和增加土壤肥力。苜蓿为豆科多年生草本植物，品质好，产量高，适应性强，不论青饲、放牧或调制干草均可利用，被誉为"牧草之王"。苜蓿粗蛋白质含量高，且消化率可达 70%~80%。另外，苜蓿富含多种维生素和微量元素，同时，还含有一些未知促生长因子，对奶牛泌乳具良好作用。苜蓿 1 年可收割几茬。但苜蓿茎木质化比禾本科草早且快。通常认为有 1/10~1/2 植株开花适宜收割。作为牧草，苜蓿具有优秀的营养价值。它富含蛋白质、纤维素、维生素和矿物质等营养物质。苜蓿的蛋白质含量高，而且蛋白质的品质很好，易于消化吸收。这使得苜蓿成为饲养动物的理想饲料之一，尤其是对于牛、马和绵羊等反刍动物来说。

（二）高产栽培技术

1. 选地

紫花苜蓿喜温带半湿润半干旱气候，在日均温 15~20℃时最适合生长，高温高湿对苜蓿生长不利。苜蓿适应性强，最适宜在地势高、平坦、排水良好、土层深厚疏松、中性或微碱性土壤生长。苜蓿属中等耐盐牧草，可在轻度盐渍化的土壤中种植（土壤含盐量小于 0.3%）。

2. 整地

主要是清洁地面（除草、灭茬）、松土、肥土混合均匀、平整地面等，为苜蓿播种、出苗、生长发育提供适宜的土壤环境。耕地要掌握土壤墒情，耙碎土块，使土壤成为细颗粒状，保证出苗整齐。

3. 施肥

高产的苜蓿在生产上吸取的营养物质多，特别是氮、钙、钾。苜蓿根瘤菌能固定空气中游离的氮，固氮能力很强。因此苜蓿生长发育其间，一般不施用氮肥。苜蓿生长对钾的需要量很大，生产 1 吨苜蓿干草需要 10~15 公斤钾。过磷酸钙的施用量一般为 50~100 公斤 / 亩。在播种前或播种时施用，一次施足，也可作追施。

4. 播种

（1）选择适宜当地生长的苜蓿品种，如皇后、WL320、WL323 等。（2）种子要经过清选，去掉杂质的处理，再用根瘤菌剂拌种，菌剂 / 种子比为 1/10。（3）播种时间，当地温在 5 度以上时，即可播种，春、夏、秋均可，但在 8 月下旬至 9 月上旬 期间播种最佳。（4）播种方法，

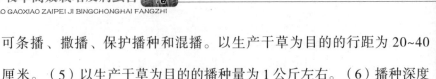

可条播、撒播、保护播种和混播。以生产干草为目的的行距为 20~40 厘米。（5）以生产干草为目的的播种量为 1 公斤左右。（6）播种深度一般为 0.5~2 厘米。

5. 田间管理

生长期间可人工锄草，在早春返青时进行耙地灭草，每次刈割后应立即进行中耕除草。老苜蓿地可用 2,4-DB 除草剂进行化学防除。要适时灌溉，夏季高温多雨季节注意排水，防止水分过多引起烂根。病虫害防治有药剂或提前收割等方法，根本的防治在于选用抗病品种

6. 收割

第一次收割一般选择在始花期（植株有 10% 开花）。如果收割的干草饲喂奶牛和幼龄畜禽，应以现蕾期收割为宜。以后每隔 30~35 天收割一次，最后一次收割应在 9 月末进行，留有 30~40 天的生长时间，有利于越冬和第二年高产。收割前半个月要停止用药。

7. 加工及其利用

（1）干贮　按干贮方法不同可分为自然干燥加工法和人工干燥法两种。自然干燥加工法是将收割后的新鲜苜蓿，在田间晾晒干燥后，打捆贮存；人工干燥是指用烘干机械烘干后，打捆贮存。自然干燥的苜蓿，具有芳香的青草味，适口性好，消化率高。晒干的时间越短，草中的蛋白质保持率越高。

（2）青贮，将鲜草铡成 2 厘米左右，与玉米青贮混合进行青贮。

第四章　牧草田间管理与病虫害防治

牧草播种以后，即进入田间管理工作，其中最主要的有追肥、中耕除杂草、病虫害防治、灌溉排水等。适时而合理的田间管理是确保牧草高产稳产的重要措施之一。

一、除杂草

中耕除杂草是田间管理的基本措施，其作用是疏松土壤，抗旱保墒，消灭杂草，减少病虫危害，促进幼苗生长。

杂草防除

多年生牧草早期生长极为缓慢，容易受杂草危害。杂草不仅与牧草争水、争肥、争光、抑制牧草的生长、降低牧草的产量，而且影响牧草的品质；有的杂草还有毒，家畜采食后会引起中毒，甚至死亡。杂草防除的主要方法有生物防除法和化学防除法。

1. 生物防除

杂草的生物防除就是利用植食性动物或植物病原微生物，或采用科学的耕作播种制度，将杂草的危害控制在最小的范围内。

图 4-1　除杂草

（1）轮作或刈割　有些杂草危害牧草有一定的范围。如菟丝子对紫花苜蓿危害比较严重，而对禾本科牧草危害较轻，可以通过轮作不同的牧草来减轻其危害。另外，在杂草种子未成熟时，连同牧草一起刈割掉，可以减轻杂草的危害。

（2）播种季节　春播时危害牧草的杂草主要是宿根性杂草和春季萌发的其他杂草，春播杂草危害往往比较严重，如果条件许可的话，可改在夏播或夏秋播种，这时杂草长势较弱，并且在播种前可通过耕翻除草。

2. 化学防除

就是利用化学除草剂来防除杂草。化学除草剂按其作用分为两大类：

一类是选择性除草剂，一类是灭生性除草剂。选择性除草剂只杀杂草而不伤害牧草，如2，4—D、西玛津、乙氧氟草醚等；灭生性除草剂，不管牧草杂草一概除杀，如敌草隆、五氯酸钠、草甘膦等。

除草剂常用的剂型有可湿性粉剂、水溶剂、乳剂、颗粒剂及粉剂等。除草剂使用前，一定要注意看清使用说明，是灭生性除草剂，还是选择性除草剂。若是选择性除草剂，是用于杀单子叶杂草，还是杀双子叶杂草。为了确保除草效果，最好几种除草剂组合进行综合除草。

除草剂喷雾时，最好在晴朗无风的日子进行。若有露水或雨后施用，用药量应相应增加。喷后遇雨应进行第二次喷洒。为了有效地灭除杂草，应在杂草生长的幼苗期和盛花期施用。用药20~30天后才能饲喂家畜，以免引起家畜中毒。

图 4-2　除草剂喷雾

二、施肥

施肥不仅能提高牧草的产量，而且能改善牧草的品质和草层结构成分，是获得高产稳产优质牧草的重要措施之一。

图4-3　施肥

（一）土壤养分及牧草对养分的需求

1.土壤养分

牧草的正常生长发育，需要从土壤中吸收各种养分。牧草从土壤中摄取各种营养元素的数量和比例，因牧草的种类而异。牧草需要量大的有碳、氢、氧、氮、磷、钾、钙、镁、硫、铁等元素，它们占植物重量的 0.01% 以上，被称为大量元素；需要量小的有硼、锰、铜、锌、钼、氯、钴等元素，它们占植物重量的 0.01% 以下，又被称为微量元素。牧草生长除需要各种养分外，还需要一定的土壤酸碱度，一般牧草适应的土壤酸碱度为中性、微酸性或微碱性。

2. 牧草对营养元素的需求

牧草需从土壤中吸收的营养物质很多，但土壤中营养元素存量较少，且常缺乏某些元素需补充。一般可根据牧草产量、牧草所含养分量以及牧草从土壤中吸收养分数量来确定。

氮、磷、钾是牧草需要量很大而土壤中常常缺乏的，必须由施肥供给的三种主要元素。

（1）氮　氮是构成蛋白质的主要元素。氮也是叶绿素、酶、维生素、生物碱等的主要成分。氮能促进叶绿素的形成，增强光合作用，促进分蘖。

（2）磷　磷是牧草细胞原生质和细胞核的重要组成部分。磷肥充足能促进根系发育，有利于种苗生长，增加抗寒、抗旱能力。缺磷则叶色变暗，甚至转为紫红色或红褐色，使生长受阻。

（3）钾　钾能提高光合作用的强度，还能增强牧草的抗逆性，减轻病害，防止倒伏。钾肥不足，牧草易感染病虫害，光合作用减弱，茎细小而柔弱，易倒伏。

牧草生长需要的大量元素还有钙、镁、硫、铁等，微量元素有硼、锰、铜、锌、钼、钴等。缺钙时，牧草顶芽和幼根受害枯死，使叶片失绿，

呈白纹，严重时叶片边缘失绿变白。缺硫则牧草生长受阻，使叶色变淡。缺铁则幼叶变黄变白。缺硼则使豆科牧草不结根瘤，嫩叶失绿，顶芽和生长点死亡。缺锰则叶绿体的形成受阻，叶上有失绿斑点，并渐成白条状。缺钼则影响豆科牧草根瘤的形成和氮的固定，使牧草生长发育受阻，叶片失绿，叶缘卷曲，凋萎而死亡。

禾本科牧草和豆科牧草对营养元素的需要量，既有共同点，又各有其不同点。禾本科牧草虽然对氮、磷、钾及其他元素都同样需要，但对氮肥的需要更为迫切，对施用氮肥的反应更为敏感。豆科牧草由于有根瘤，能固定空气中的氮素，所以对氮肥的反应不如禾本科牧草那样敏感，而对磷、钾和钙等养分则更为敏感。

牧草从土壤中吸收营养元素的数量取决于牧草的种类和产量。而土壤中的营养元素是远远不能满足牧草生长需要的，必须通过合理施肥来满足牧草生长的需要。

（二）肥料的种类及其施用

1. 肥料的种类

牧草地常用的肥料有有机肥料和无机肥料两种。

有机肥料主要有厩肥、堆肥、人畜粪、腐殖酸类肥料和绿肥等。有机肥料是一种完全肥料，不但有氮、磷、钾三要素，而且还有其他微量元素。牧草施用，不但可以供给植物必要的养分，而且还能为土壤微生物的发育创造有利的环境条件。适当施用是保证牧草高产的重要措施之一。

图 4-4　有机肥料和无机肥料

　　无机肥料，又称化学肥料。其特点是不含有机质，肥料成分浓。主要有氮、磷、钾等营养元素。常用的氮肥有：硫酸铵（含氮 20%~21%）、硝酸铵（含氮 33%~35%）、氯化铵（含氮 24%~25%）、碳酸氢铵（含氮 17% 左右）、尿素（含氮 44%~46%）、氨水（含氮 12%~16%）。磷肥有：过磷（含 P_2O_5 12%~18%）、磷灰石粉（含 P_2O_5 14% 以上）。钾肥有：硫酸钾（含 K_2O 48%~52%）、氯化钾（含 K_2O 50%~60%）、草木灰等。

2. 合理施肥

　　合理施肥就是要及时适量地满足牧草生长发育对营养元素的需要，既不缺乏，又不致过量，避免不平衡，造成浪费，引起不良后果。

　　（1）根据牧草的需要量施肥　牧草种类不同，需肥量也不一样。禾本科牧草需氮肥较多，应以氮肥为主，配合施用磷、钾肥。豆科牧草则

应以磷肥为主，也需要少量氮肥，尤其是要幼苗期根瘤尚未形成时，施用少量氮肥，可促进幼苗生长。在禾本科牧草和豆科牧草混播的草地，首先要多施磷肥，促进豆科牧草根瘤的形成，固定氮素，进而促进禾本科牧草的生长。另外，在禾本科牧草分蘖至开花期，豆科牧草的分枝至孕蕾期应适当追肥。

（2）根据土壤肥力施肥　砂质土壤肥力低，保肥力差，应多施有机质作基肥，化肥应少施、勤施。壤质土壤，有机质和速效养分较多，只要基肥充足，必要时适当追肥就可获得高产。黏质土壤或低洼地水分较多的土壤，土壤肥力较高，保肥力较强。有机质分解慢，肥效也较慢，应在前期多施速效肥。总之，土壤质地、土壤肥力、保肥性能，是合理施肥的重要依据之一。有条件的可请有关部门进行土壤分析，来科学确定施肥。

（3）根据土壤水分状况施肥　土壤水分的多少，直接影响牧草的生长，微生物的活动，有机质的分解，也决定了施肥的效果。干旱、水分不足或水分过多，都会影响施肥的效果。因此，干旱时，施肥应与灌溉结合进行；而水分过多，应适当施用速效肥。

（4）根据肥料的种类和特性施肥　有机肥料和人畜粪，应注意腐熟后施用。秋翻施肥，可用未完全腐熟的有机肥。播种前应施用已腐熟的有机肥。化肥种类不同各有不同特性，有的肥效料迟。在土壤中不易流失，可作基肥，如过磷酸钙、草木灰等；有的肥效较快，易被牧草吸收，可以作为追肥，如硫酸铵、碳酸氢铵等。

3. 施肥的方法

施肥的方法有基肥、种肥、追肥等，可根据牧草的需要、肥料的种类、土壤肥力，采用不同的方法进行。

（1）基肥的施用　播种前，结合耕翻土地或深耕灭茬施用有机肥料或迟效化肥，以满足牧草整个生长期的需要。这就是基肥，也叫底肥。腐熟后的有机肥可施用每公顷 15000~45000 千克，在耕前撒施，撒后耕翻。有机肥较少时，也可沟施，使肥料较为集中，以提高肥效。用作基肥的化肥可以和有机肥同时施入。

（2）种肥的施用　播种时与种子同时施用有机肥、化肥或细菌肥料等以供给幼苗生长的需要，这叫种肥。种肥可施在播种沟内或穴内，盖在种子上面，或浸种、拌种后再播种。用作种肥的有机肥应充分腐熟，所用化肥则应是对种子无腐蚀作用和毒害作用的。某些特定肥料还可采用种子包衣技术来施用。

（3）追肥的施用　根据牧草的需要，在牧草生长期内，追施的肥料叫追肥。追肥主要用速效化肥。追肥的施用时间一般在禾本科牧草的分蘖、拔节时期，豆科牧草的分枝、现蕾时期以及每次刈割后。为了提高豆科牧草的抗寒能力，应在秋季给牧草施磷肥。禾本科牧草则主要追施氮肥，并配合一定量的磷、钾肥。对于豆科牧草主要追施磷肥，在播种当年也可以施一定数量的氮肥。追肥可采用撒施、条施、穴施，也可

结合灌溉水施等。可以一次施入也可以分期施入，一般以分期施效果好。

三、病虫害防治

病虫害是造成牧草减产重要原因之一，同时病虫害也影响牧草的品质，某些病虫害侵蚀的牧草饲喂家畜时还可能引起家畜的疾病，因此牧草栽培时必须做好病虫害的防治。

（一）牧草的主要病害及防治

1. 危害豆科牧草的主要病害及防治

我国栽培优良豆科牧草易发生且危害大的病害有轮纹病、白粉病、霜霉病、苜蓿锈病、褐斑病等。

（1）苜蓿褐斑 病苜蓿褐斑病又称普通叶斑病，在世界各苜蓿种植区均有发生。我国的吉林、内蒙古、山西、宁夏、青海、新疆、江苏、湖北、云南、贵州等省、自治区有发生。初次种植当年苗期发病较少，发病后主要引起叶片脱落，可使苜蓿干草产量减产 11%~29%。

病斑发生于叶片上，褐色，近圆形小点状，边缘不整齐，呈细齿状。常在叶片正面的病斑中部有一深色突起，即病原菌的子座和子囊盘。病斑一般自植株下部叶片先发生，逐渐向上蔓延。叶片上从病斑集中部位开始变黄，枯死，叶片极易脱落。

病原是子囊菌亚门的苜蓿假核盘菌。苜蓿假核盘菌在田间未腐烂的病叶上越冬，第二年春季首先侵染近地面的植株下部叶片。高湿度是该病害的诱因，病害在 6、7 月份雨水较多时形成高峰。

选用抗病良种是预防苜蓿褐斑病的有效手段。及时刈割可减少苜蓿

图 4-5 苜蓿褐斑

褐斑病的发生；冬季进行田间焚烧，消灭病株残体，也能减少越冬菌源。药物防治可用 70% 代森锰 600 倍液；75% 百菌清 600~800 倍液；50% 多菌灵可湿性粉剂 1000~1500 倍液；50% 腐霉利可湿性粉 2000 倍液；70% 甲基硫菌灵 1000~1500 倍液，每公顷次喷药 1125~1500 升，隔 7~10 天再喷 1 次。

（2）苜蓿锈病　苜蓿锈病在世界各紫花苜蓿种植区均有发生，我国的吉林、内蒙古、河北、山西、甘肃、新疆、江苏、贵州、四川、台湾等省、自治区均有发生。紫花苜蓿发生锈病后，光合作用减弱，呼吸强度上升，

由于表皮多处破裂，水分蒸腾增强，干热时容易枯萎。锈病使紫花苜蓿叶片褪绿、皱缩并提前落叶。严重时可使干草减产60%，种子减产50%以上。并且感染锈病的苜蓿植株含有毒素，会影响家畜的适口性，甚至引起中毒。

苜蓿锈病为害叶片、叶柄、茎及荚果。叶片两面，主要在叶片下面出现小的圆形疱状病斑。初呈灰绿色，后表皮破裂呈铁锈色粉末状。孢子堆直径一般不超过1毫米。夏孢子堆色稍淡，肉桂色，冬孢子堆深褐色。有时孢子堆周围有淡色晕环，甚至呈白色枯斑状。

病原为担子菌亚门，单孢锈菌属中的条纹单孢锈菌。条纹单孢锈菌为转主寄生菌，它既可以借休眠菌丝在紫花苜蓿地下部越冬或转主寄生于大戟属植物的地下部分越冬，又可以冬孢子在感病的紫花苜蓿残体上越冬。湿热条件有利于锈病的发生。

选用抗病品种是防治锈病的有效措施。冬季进行田间焚烧，消灭病株残体，也能减少越冬菌源；铲除紫花苜蓿地附近的大戟属植物；科学地利用和管理草地是控制锈病的基础，如适当增施磷、钙肥，提高植株的抗病性；病害发生后，及时刈割或放牧也可减少菌源；另外应避免连续多年在同一块地内采种。药种防除可用代森锰锌150~225克／公顷，或氧化萎锈灵（450克／公顷）与百菌清（750~900克／公顷）混合剂，或15%粉锈宁1000倍液喷雾来防治。

（3）三叶草白粉病　三叶草白粉病是全球性重要病害，是红三叶草最重要的病害之一。我国新疆、江苏、四川、吉林、广西等省、自治区都有发生，尤以云南、贵州两省受害为重。

三叶草白粉发生时，在叶的两面产生霉层，通常是叶面先受侵害，初期病斑为白色絮状斑点；此后迅速扩大汇合成大斑，覆盖叶的大部分或全部。叶片受害后，失去蜡质光泽，披上一层石灰状的白色粉末，即病原菌丝体和分生孢子。气候干燥时，中下部病叶渐失绿变黄，叶边缘焦枯及至全叶脱落。气候潮湿时，叶片变黑霉烂，老病叶尤为突出。严重感病的植株发育迟缓，长势衰弱，抗御其他病害侵袭能力差，产量降低，适口性差，种子不实。

病原白粉粉孢霉菌和拟粉孢霉菌是半知菌亚门粉孢霉属和拟粉孢霉属的两种真菌。

防治措施主要选用抗病良种。刈牧兼用型草地，只要有计划地轮牧和及时刈割，加快利用，不用化学防治，就可以防止病害的发生。种子生产地可以用高脂膜 200 倍液加 50% 多菌灵或甲基托布津 600~800 倍液组成复配混合液，每公顷 450~600 升喷雾；25% 粉锈宁、20% 敌锈钠或 25% 二唑醇、58% 甲霜灵（瑞毒霉）等可湿性粉剂 1000 倍液，按每公顷 450~600 升喷雾，效果良好。如能与 200 倍高脂膜复配施用更好。

2. 危害禾本科牧草的主要病害及防治

我国栽培优良禾本科牧草易发生且为害大的病害有白粉病、霜毒病、锈病、黑粉病等。

（1）黑麦草冠锈病　黑麦草冠锈病是全球性最重要的病害之一。在我国发生很普遍。感病植株分蘖数和根的生长量显著减少，叶的枯死量增多，对产草和种子生产都造成很大损失。

图 4-6　黑麦草冠锈病

病菌主要为害叶片，也可侵害叶鞘、茎秆和穗。初期病斑呈淡黄色小点，渐变为黄色至橙褐色疱状突出。后期，孢子堆突破表皮，露出橘黄色粉末状夏孢子。病重时，叶片从尖部向下渐枯死。

病原是担子菌亚门的禾冠柄锈菌。病菌以夏孢子在黑麦草秋苗或病残组织上越冬。气候温凉适宜有利于此病的发生，5月中旬至6月下旬和9月下旬至11月底发病最重。

选用抗病品种是防病的重要方法。及时刈割和冬前、初春清除田间病残枯叶可较好地控制此病发生；黑麦草及三叶草混播也可减少此病的发生。药物防治，可用 25% 三唑酮或 25% 三唑醇可湿性粉剂，每公顷450~750 克，兑水 1500 升喷雾，隔半个月再进行一次。

（2）麦角病　麦角病在世界各地均有分布，在气候较冷凉潮湿的地区尤为严重。为害多种禾本科牧草，如雀麦、披碱草、鸭茅、羊茅、狼尾草、早熟禾等。我国各地均有分布，以新疆受害草种最多。麦角病的为害主要引起种子减产和家畜采食后引起中毒和孕畜流产。

麦角病发生于穗部，感病初期受侵染的花器分泌一种黄色的蜜状黏液，此时称为"蜜露期"。受侵染花器'的子房膨大变硬，形成黑色香蕉状或圆柱形菌核，突出于颖稃之外。

病原为子囊菌亚门的麦角菌。成熟的菌核能在土中或混在种子中越冬。麦角病是一种花器侵染的病害，感病主要在禾草初花后的 2 周内。

冬季田间焚烧是减轻此病的有效方法。采用存放 2~3 年的种子播种，或在开花进行刈割均减轻此病的发生。种子田应于开花前喷 1~2 次多菌灵进行化学防治。

（二）虫害防治

1. 牧草的主要虫害及分布

我国草地牧草的害虫主要有苜蓿蚜虫、苜蓿叶象甲、麦秆蝇、黏虫、蝗虫等。

苜蓿蚜虫主要分布于内蒙古、宁夏、新疆、山东、河北、福建、广东、广西、湖南、湖北、四川等地，危害豆科牧草紫花苜蓿、红豆草、三叶草、紫云英等牧草，以吸器吸取幼嫩组织的汁液危害牧草。

图 4-7　苜蓿蚜虫

苜蓿叶象甲主要分布在新疆、内蒙古地区，成虫和幼虫均能为害，以取食紫花苜蓿叶片为主，以第一茬苜蓿为害最重，常能在几天之内将紫花苜蓿的叶子吃完。麦秆蝇主要分布于内蒙古、甘肃、新疆、青海、河北、山西、陕西、宁夏、河南、山东、四川、云南、广东等省、自治区，是禾本科牧草的重要害虫，主要危害黑麦草、披碱草、大麦、雀麦、早熟禾等牧草，幼虫蛀食生长点等幼嫩组织。

黏虫是世界性禾本科牧草的重要害虫，在我国除西藏外其他各省区均有危害发生，危害的牧草主要有苏丹草、羊草、披碱草、黑麦草、冰草、狗尾草等，幼虫咬食叶片，严重时能将叶片吃光。

蝗虫主要分布于新疆、青海、内蒙古、东北等地区，蝗虫喜食禾本科牧草和阔叶草木植物，造成牧草大幅度减产，对畜牧业生产危害极大。

2. 牧草常见主要虫害及防治

（1）苜蓿蚜虫　苜蓿蚜虫是同翅目蚜科害虫，分为有翅蚜虫和无翅蚜虫两种类型，有翅蚜体长 1.5~1.8 毫米，黑色，触角 6 节。翅茎、翅痣、翅脉橙黄色。各足的腿节、胫节、跗节均为暗黑色，其余部分为白色。腹部各节背面均有硬化的暗褐色横纹。腹管黑色，圆筒状。无翅蚜与有翅蚜等长，体较肥胖，腹部体节不明显，背面具一块大形灰色骨化斑。

苜蓿蚜虫一年发生 20 余代，以无翅蚜、若蚜或卵在紫花苜蓿根茎处越冬，越冬蚜春季开始吸食牧草汁液。常聚集在植株嫩茎、幼芽、顶端心叶和嫩叶、花器上，以刺状吸器吸取汁液，被害牧草由于缺乏营养，植株矮小，叶子卷缩、变黄，严重时全株枯死。

可用 50% 马拉硫磷乳油、50% 杀螟松乳油、25% 亚胺硫磷乳油 1000 倍液、40% 乐果乳油 1000~1500 倍液，50% 辛硫磷乳油 2000 倍液，50% 磷胺乳油 3000~5000 倍液，50% 西维因可湿性粉剂 400 倍液进行化学防治。

（2）苜蓿叶象甲　苜蓿叶象甲是鞘翅目象甲科害虫，成虫体长 4.5~6.5 毫米，全体被覆黄褐色鳞片，头部黑色，喙细而长，触角膝状。着生于喙前两侧。前胸背板有两条较宽的褐色条纹，其间有一条细的灰线。

鞘翅上具三段等长的深褐色纵行条纹。幼虫初孵化为淡黄色，以后变为绿色，头部为黑色，背线和侧线为白色。

图 4-8　苜蓿叶象甲

苜蓿叶象甲一年发生 1 代或 2 代，多数以性未成熟的成虫在紫花苜蓿残株落叶下越冬，也有以卵在紫花苜蓿茎中越冬的。春季紫花苜蓿萌发时，成虫出蛰取食部分叶片。第一代幼虫盛期在 5 月下旬到 6 月上旬，虫期 15~28 天，1 龄幼虫钻入嫩枝，叶芽和花芽中，危害小叶和生长点。1 龄幼虫取食花基部和叶肉，仅剩叶脉，状如网络。

苜蓿叶象甲可用苜蓿姬蜂、姬小蜂、七星瓢虫等天敌防治，也可用 50% 的甲基 1605 稀释 1500~2000 倍液或 50% 二嗪农每公顷 2250~3000 克、80% 西维因可湿性粉剂每公顷 1500 克，50% 马拉硫磷 1200~2000 倍液进行防治。

（3）麦秆蝇　俗称钻心虫、麦蛆。是双翅目黄潜蝇科的害虫，成虫长，雄虫 3.0~3.5 毫米，雌虫 3.7~4.5 毫米，体黄绿色，复眼黑色，有青绿色光泽。单眼区褐色斑较大。下颚须基部黄绿色，端部 2/3 部分膨大成棍棒状，黑色。翅脉黄色。胸部背面有 3 条纵纹。腹部背面也有纵纹。足黄绿色，跗节暗色。后足腿节膨大，内侧有黑色刺列，胫节显著弯曲。幼虫，体蛆型，呈黄绿或淡黄绿色，口钩黑色，前气门分支。麦秆蝇一年发生 2~4 代，以幼虫在禾本科牧草幼苗、茎中越冬。麦秆蝇以幼虫为害牧草，从鞘与茎间潜入，在幼嫩的心叶或穗节基部 1/5 与 1/4 处或近基部呈螺旋状向下蛀食幼嫩组织。在分蘖拔节期。使心叶外露部分干枯变黄，成为"枯心苗"；孕穗期，取食为害嫩穗、小花等幼嫩组织，致使"烂穗""坏穗"，牧草减产。麦秆蝇幼虫可用其天敌姬蜂和子蜂科的两种寄生蜂防治，也可用药剂防治，药剂防治的关键时期，应在越冬代成虫开始盛发至第一代幼虫孵化入茎之前，喷洒 50% 的 1605 经 3000~5000 倍稀释，每公顷用量 750 千克，杀成虫及卵效果很好，或用 0.1% 的敌敌畏与 0.1% 的乐果混合液（1:1），每公顷用量 750 千克。

（4）黏虫　黏虫是鳞翅目夜蛾科的害虫，成虫呈淡黄色或淡灰褐色，体长 17~20 毫米，翅展约为 35~45 毫米，前翅中央近前缘有 2 个淡黄色圆斑，其下方有一个小白点，白点两侧各有一个黑点。翅顶角至后缘的 1/3 处有一条斜行黑褐纹，从前缘 1/4 处至后缘 1/3 处有 7~9 个黑点排列呈弧形，后翅内方淡灰褐色向外方渐带棕色。雄蛾较小，体色较深，其尾端向后压挤后可伸出 1 对鳃盖形抱握器，抱握器顶端具一长刺。雌蛾腹部末端有一尖形的产卵器。幼虫体色变化很大，发生量少时体色较浅，大发生时体色呈黑色。头部淡黄褐色，沿蜕裂线呈"八"字形黑褐纵纹，左右额侧区有褐色的网状纹。
体背有 5 条纵线，背线白
色较细，两侧各有两条黄
褐色至黑色、上下镶有灰
白色细线的宽带。腹面污
黄色，腹足基节有阔三角
形、黄褐色至黑褐色

图 4-9　黏虫

　　黏虫在发育过程中无滞育现象，条件适宜时全年可繁殖，因此在我国各地发生的世代因地区纬度而异，纬度越高，世代越少。在东北、内蒙古一年可发生 2 代，广东、广西一年可发生 7~8 代。黏虫的幼虫夜间活动取食叶片，1~2 龄幼虫仅取食叶肉，形成小圆孔；3~4 龄蚕食叶缘，咬成缺刻；5~6 龄达暴食期，其食量占整个幼虫期的 90% 以上，危害严重时将叶片吃光，使植株仅剩下茎秆。

　　黏虫除通过天敌蛙类、寄生蜂、蚂蚁等防治外，还可用 5% 的马拉硫磷粉剂或 2.5% 的敌百虫粉剂（高粱禁用），每公顷用量均为 22.5~30.0 千克；也可用 50% 的辛硫磷乳油 5000~7000 倍液、50% 的乙基稻丰散乳油 2000 倍液、20% 的杀虫畏乳油 250 倍液、90% 的敌百虫乳油 1000~1500 倍液、50% 的敌敌畏乳油 2000~3000 倍液（高粱禁用），每公顷用量均为 900 千克左右。